老龄化视野下
古代女孝文化传承与现代家庭教育

李妹 著

中国市场出版社
China Market Press

·北京·

图书在版编目（CIP）数据

老龄化视野下古代女孝文化传承与现代家庭教育／李妹著. — 北京：中国市场出版社有限公司，2021.1
ISBN 978-7-5092-1862-4

Ⅰ. ①老… Ⅱ. ①李… Ⅲ. ①孝－文化－教育研究－中国 Ⅳ. ①B823.1

中国版本图书馆 CIP 数据核字（2019）第 140188 号

老龄化视野下古代女孝文化传承与现代家庭教育
LAOLINGHUA SHIYE XIA GUDAI NÜXIAO WENHUA CHUANCHENG YU XIANDAI JIATING JIAOYU

著　　者：李　妹
责任编辑：晋璧东（874911015@qq.com）
出版发行：中国市场出版社
社　　址：北京市西城区月坛北小街 2 号院 3 号楼（100837）
电　　话：（010）68033539
经　　销：新华书店
印　　刷：河南承创印务有限公司
规　　格：170mm×240mm　　　16 开本
印　　张：12　　　　　　　　字　　数：250 千字
版　　次：2021 年 1 月第 1 版　　印　　次：2021 年 1 月第 1 次印刷
书　　号：ISBN 978-7-5092-1862-4
定　　价：60.00 元

版权所有　侵权必究　　　印装差错　负责调换

前 言
PREFACE

2014年12月，习近平主席在澳门郑裕彤住宿式书院参观时，参与了由澳门本地学生和内地学生共同举办的以"中华传统文化与当代青年"为主题的讨论会。传统文化的传承问题是传统文化研究的重点，而老龄化视野下孝道文化的女性传承课题也是非常具有创新性与研究亮点的。

"君子务本，本立而道生。孝悌也者，其为仁之本与。"孝文化贯穿古今，成为中华民族繁衍生息的优良传统。其中，也留下了许多广为流传的孝女故事。在封建体系下，她们将赡养老人、教育子女、夫妻关系以及妯娌关系等问题处理得妥妥当当，充分地将古代女性的智慧与魅力展现出来。女孝文化中的这些精华内容便是研究老龄化视野下古代女孝文化传承与现代家庭教育的一大亮点。

女性是传承孝道文化的主力军，通过研究古代女孝文化，我们不但可以详细地了解古代女性是如何理解孝道并行孝的，而且还能够清楚地体会古代女性的家庭教育状态与育儿心得。另外，这也很好地顺应了女性文化研究越发细致与深入的研究趋势。

目前，我国已经进入老龄化社会，而农村地区的老龄化问题更加突出，随之而来的养老问题也变得极其复杂和严峻。本书希望可以在老龄化背景下对孝道传承问题做更多的实证研究，更好地为社会服务。

基于此，笔者参考了大量的国内外权威材料，并通过实地调查与研究，认真地筛选、总结与修改，完成了这部作品。

本书介绍了中国传统孝文化、传统女孝文化概述、古代女子孝道教育的方法、中国传统孝文化与现代家庭教育、老龄化趋势下女孝文化建设的时代价值、老龄化趋势下女孝文化传承遇到的困境等内容。

由于作者能力与水平有限，书中可能存在不妥之处，敬请专家学者、广大读者批评与指正。

作 者
2020年12月

目 录
CONTENTS

第一章　中国传统孝文化概述

第一节　中国传统孝文化的起源……………………………003

第二节　中国传统孝文化的历史发展………………………006

第三节　中国传统孝文化的价值与反思……………………012

第二章　传统女孝文化概述

第一节　传统女孝文化的内涵………………………………019

第二节　对女性孝行的分析…………………………………022

第三节　传统女孝文化的社会影响…………………………031

第三章　古代女子孝道教育的方法

第一节　榜样示范法…………………………………………037

第二节　因材施教法…………………………………………042

第三节　寓教于生活的方法…………………………………048

第四节　循序渐进法…………………………………………054

第五节　奖罚结合法…………………………………………060

第六节　修身自律法…………………………………………065

第四章　中国传统孝文化与现代家庭教育

第一节　孝文化是个人修身之本……………………………… 073

第二节　孝文化是齐家的不二法宝…………………………… 079

第三节　孝文化是教儿育儿的思想根基……………………… 084

第五章　老龄化趋势下女孝文化建设的时代价值

第一节　有利于培养和践行社会主义核心价值观…………… 091

第二节　有利于解决乡村"老有所养"的难题……………… 095

第三节　有利于和谐社会的构建……………………………… 101

第四节　有助于美丽乡村建设的持续发展…………………… 109

第六章　老龄化趋势下女孝文化传承遇到的困境

第一节　老龄化趋势下传承女孝文化的意义………………… 119

第二节　当前女性践行孝文化的现状………………………… 121

第三节　传统女孝文化日渐衰落的原因……………………… 129

第七章　老龄化趋势下的女孝文化教育

第一节　老龄化趋势下加强女孝文化教育的重要性………… 143

第二节　老龄化趋势下推行女孝文化教育的对策………… 147

第八章　老龄化趋势下实现女孝文化的功能

第一节　传承女孝文化，培养良好家风…………………… 159

第二节　实现女孝文化育儿教子的功能…………………… 163

第九章　老龄化趋势下古代女性孝道教育的当代启示

第一节　古代女性孝道教育论述…………………………… 169

第二节　古代女性孝道教育的当代启示…………………… 176

参考文献………………………………………………………… 183

第一章

中国传统孝文化概述

第一节　中国传统孝文化的起源

《礼记·礼运》中云："大道之行也，天下为公。选贤与能，讲信修睦。故人不独亲其亲，不独子其子，使老有所终，壮有所用，幼有所长，矜、寡、孤、独、废疾者皆有所养。"这描述的是大同社会，同时也是古代人们尊老爱幼的朴素情感的真实写照，表现出强烈而朴素的敬老、养老的思想。

一、孝文化的起源因素

（一）人的个体性

人，集合了自然属性和社会属性，在与他人相处的过程中，很自然地产生了关爱同类生命的行为。不仅如此，随着社会的发展，人类还学会了在尊重自然规律的基础上，建立起适合生存的关系准则，开始关注延续和关爱生命，久而久之，便形成了一种自然的血亲关系，这便是最初的孝伦理。

《尚书·尧典》中提到，"克谐以孝""慎微五典，五典克从"；《孝经·五刑章》中记载，夏朝"五刑之属三千，而罪莫大于不孝"……由此可见，从尧舜时期就有了关于"孝文化"的论述。

随着氏族社会的出现，孝伦理也有了新的变化，主要表现在处理长幼关系的行为规范上，要求晚辈对家长绝对服从。后来，随着社会的不断进步，社会生产逐渐以个体家庭为主，以血亲为基础，产生了以父子代际关系为特征的孝道行为规范，这也象征着家庭孝道伦理的逐渐形成，同时也标志着个体本源意义上的孝道伦理的形成。

（二）人的社会性

"人的本质是人的真正的社会联系，所以人在积极实现自己本质的过程中创造、生产人的社会联系、社会本质。"这句话明确表示了家庭与社会二者之间有着密不可分的联系，家庭就像一个浓缩的社会，社会也可以说是扩大后的家庭。因此，以家庭父子代际关系作为基础的孝道伦理是不可能离开社会而存在的，它也必然成为一种最重要的社会关系之一，成为社会伦理关系中不可或缺的一部分。我们需要注意的是，在社会生活中，孝道伦理体现出的个体性起源和社会性起源往往会并列存在，因为人类的生存性自然法则和生活性法则往往是统一的。所以，孝道伦理既存在于家庭关系中，也存在于社会关系中，并和其他伦理规范共同组成了约束人类行为的社会性规范。

（三）人的信仰性

孝的产生离不开人类的生殖崇拜和对祖先的崇拜。人类从古代开始，就对生命产生了崇拜心理，开始探索生命的本源，最主要的表现就是：敬祖观念和祭祀活动的出现。1927年周予同先生发表了题为《"孝"与生殖器崇拜》一文，认为："儒家的思想为其出发于'生殖器崇拜'与'生殖崇拜'，所以郊天祀地、祭日配月、尊祖敬宗、迎妻纳妾等一套把戏在思想上都与'孝'有一贯的关系……因为崇拜生殖，所以主张仁孝；因为主张仁孝，所以探源于生殖崇拜。二者有密切的关系。"这段话明确表示了孝与生殖崇拜文化之间的渊源。

祖先崇拜属于一种精神力量，它支撑着人类有效地进行生产，成为人类精神世界中不可或缺的重要支柱。一方面，崇拜祖先主要是因为人们对血缘关系的重视；另一方面，随着社会的不断进步，人类发现祖先所积累的生产生活经验对于传统农耕的进步有重要影响。古人把生殖崇拜和祖先崇拜两种观念结合起来便产生了祭祖、孝祖的思想。随着社会的发展，生殖崇拜最终转变成人类对延续生命的祈求，而祖先崇拜则最终转化为人类对长辈的敬养。

二、孝文化的起源条件

（一）经济条件：自给自足的自然经济

马克思主义唯物史观认为，人们的精神生活是由特定的生产方式以及与这种生产方式所匹配的社会结构所决定的。马克思在相关著作中曾提道："在生产方式中，人首先作为劳动力而具备生产的能力，从而体现出他的生产力价值或经济价值。同时，人又是生产关系中的人，在生产关系中从事和其他经济活动；人与生产资料的关系在产品分配和交换中的地位也决定人的社会状况。"由此可见，某一群体或者某个阶层在生产方式中所处的地位以及其经济基础直接决定了它所处的社会地位。

"孝"本身也是社会生产力发展到一定阶段的产物。原始社会时期，人们的生产方式主要以渔猎、采集和游牧为主，生产力水平比较低，生活得不到保障，根本没有能力供养老人。而随着社会进步，人类的社会生产力有所提高，农业和畜牧业被分离开来。农业主要靠经验生产，老人因耕作经验丰富，往往在农耕方面起到关键性的作用，因而敬老、尊老的孝观念也逐渐形成。

孝文化的产生与中国独特的生产生活方式紧密相连，它是伴随着生产力水平的提高、个体家庭经济的逐渐形成而演变的。在奴隶社会，生产生活方式以家族、族群的集体耕作为主。商周时期，个体经济仍然存在于家族之中，家族共同体成了当时独立的经济单位。这种情况下，"孝"的主要表现形式为"祭"，并非"养"。到了春秋时期，生产力水平有所提高，个体家庭经济逐渐形成，人们开始了自给自足的经济形式，这便促使家庭内部出现了父代与子代之间的权利与义务。在此过程中，孝观念逐渐形成。此时，"孝"的主要表现形式演变为"养"，而非商周时期的"祭"。由此便知，"孝"的内涵是不断变化的，主要由当时的社会生产方式所决定。

（二）政治条件：血缘宗法制度

血缘宗法制度是我国封建社会时期最为重要的制度之一，它起源于带有血缘纽带关系的氏族社会。

中国是由氏族社会进入阶级社会的，因此它带有大量的宗法制度和意识。我国的宗法制度开始于商朝，它的确立对孝观念的产生起到直接的作用。血缘宗法制度的组织体系属于塔层结构，它融合了政治身份与血缘身份，主要作用是维持封建统治以及社会的稳定。与此同时，它还需要一种与其相呼应且人们都认可的道德伦理关系。于是，孝观念便应运而生。从某种程度上来说，血缘宗法制度直接决定了孝观念中所涉及的"尊祖和敬宗"的内涵。

血缘宗法制度中所提到的父系血缘的传承原则，以及以父子关系为主的家庭结构，最终成了孝观念中的核心内容。而宗法制度的派生物——宗族，则成为宣扬孝道的重要载体。宗法制度的影响显而易见，它为孝文化的诞生提供了基础和保障，同时也为其宣扬和发展提供了良好的社会环境。

（三）家庭条件：中国式个体家庭

经济学意义上的中国式个体家庭为孝文化的产生提供了内在保障。第一，从家庭经济来讲，相比于西方的家庭经济，中国家庭的家长往往更具有决定性权力。第二，就生产活动而言，中国式家庭所拥有的自主权比较明显。可以说，中国式家庭的经济主要由家庭自主决定，家庭早已成为中国人进行社会活动和社交关系的基础条件。第三，从产品支配来说，中国式个体家庭经济中，父代与子代之间的权利与义务关系较为明确，家长对产品具有很强的支配权，这使得老年人在家庭中有较高的地位。第四，从财产分配来看，中国家庭中大多以"同居共财"为基础，而西方家庭则大多以个人所有财产为基础。第五，从社会学角度分析，中国式家庭可以理解为"家国同构"的家庭。中国农耕社会特别强调"亲亲"原则，也因此产生了"孝""悌"诸观念，可以说中国式个体家庭是孝文化产生的首要条件，为孝道文化的产生提供了坚实的基础。

第二节　中国传统孝文化的历史发展

变迁是一个长期的过程，往往是一个阶段刚刚终止，另一个阶段就已初步形成。孝文化的产生和发展也是这样，它随着社会的变迁而不断发展。我国传统孝文化的形成便经历了孝观念的初步形成、孝道体系的确立、孝文化理论的拓展、孝道走向愚昧化等阶段。孝文化经历了一个漫长而曲折的发展过程，最终演变成我们今天引以为傲的孝文化。

一、孝观念的初步形成

中华文明起始于先秦时期。文化的出现直接体现在人类的思想和言行上，是人类智慧的结晶。原始社会时期，以血缘为基础的氏族社会建立起来，从而逐渐形成了最早的孝意识和孝行为。这种建立在血缘基础上的孝意识属于氏族范围内的孝文化，与后来我们所说的具有家族性质的孝文化并不相同。《诗经·载见》中写道："率见昭考，以孝以享。"这说明孝在当时的意思是指尊祖敬宗的祭祀活动。

随着私有制关系的逐渐确立，家庭随之产生，孝文化的含义也随之发生了变化。它由最初的孝行为逐渐演变为以家庭为单位的伦理道德关系，《礼记·礼运》中曾就这一点有所记载："今大道既隐，天下为家，各亲其亲，各子其子。"当时的"孝"，最根本的目的在于维护家庭和谐，以及协调父代与子代之间的伦理关系。父子关系越来越明晰，家庭关系也变得和谐起来，形成了良好的父慈子顺的关系，子女对父辈产生了强烈的敬亲、孝亲意识。这也就是《礼记·礼运》中所谓的"老有所终，壮有所用，幼有所长，矜、寡、孤、独、废疾者皆有所养"。需要注意的是，这时的"孝"仅仅是一种朴素的、自发的、基于血缘关系的对亲人的敬爱之意。

学术界较为认可的观点是，"孝"的伦理观念主要出现在西周时期。那时，我国开始推行宗法制，建立了等级森严的制度。统治者将孝意识当作一种统治工具，以其来巩固自己的统治，从而使得"孝"的伦理观念发生了重大改变。

宗法制直接把血缘关系和当时的等级制度结合在一起，构成了家国一体的政治生活模式。在家庭中，主要以血缘关系的亲疏为基础来确定家庭成员的各方权益。到了西周时期，孝和家族紧密联系在一起，直接向国家化和社会化转变，孝的内容也进一步扩充，包括善事父母、敬奉宗族、祭祀祖先等。从该角度来看，此时的"孝"已经初步具备了尽孝尽忠的政治伦理思想。因此，"孝"作为国家性的伦理道德观念，在西周时期得到了广泛传播。此外，分封制的实行，直接把君臣关系和血缘关系紧密相连。孝的内容也因此得以扩展，它不再局限于家庭、亲人之间，适用范围更加广泛，上至祖先，下到父系宗室，成了当时社会道德伦理的重要内容之一，对维护社会稳定起到了重要作用。"孝"的内容在《尚书》和《诗经》等古典书籍中都有所记载。

二、孝道体系的确立

　　春秋战国时期，政治经济都处于大变革之中，西周时期开始推行的宗法制面临着严峻挑战，甚至到了土崩瓦解的地步。与此同时，传统孝文化也受到了严重冲击。这时，以孔子为代表的儒家学派开始对传统孝道观念进行重构。他们提倡将"对在世父母的'孝生'"作为核心，以此来建立新的个人道德伦理体系；大力宣扬孝道，并将此作为立足点，建立新的孝道文化思想体系，进而对传统孝文化进行完善。在新的孝道伦理思想的建立过程中，儒家学派所倡导的孝伦理和《孝经》中所提倡的孝道思想起到了至关重要的作用。在这期间，孔子彻底把"孝"从西周的礼制中剥离出来，给孝道添加了更多新的内容，使其成为调整家庭关系、维护家庭稳定和谐的新的伦理道德规范。与之相比，《孝经》所强调的"孝"更注重其对于社会的作用，为后期"以孝治天下"提供了理论基础。

　　孔子对我国传统孝道文化的形成起到了关键作用。他是第一个对孝道进行全面而深刻阐述的人，并将原本的个体道德推延到社会规范之中，由简单的家庭伦理上升到国家伦理的高度，让孝道伦理的内容更丰富、更深刻。在儒家学派的推崇下，孝道的外延明显扩大，而且更加系统化和伦理化，最终发展成为我们中华民族的基本道德准则和行为规范。

　　孔子将人伦本源作为理论基础，提出了维护家庭内部和谐的道德规范和伦理要求，主张"敬养"孝道，跟西周时期贵族所倡导的"礼孝"截然不同。儒家学派的孝道提倡所有的家庭成员都应该遵守，使"孝道"真正融入百姓的生活之中，成为社会普遍遵守的亲情伦理准则。

　　曾子进一步将孝文化体系化、思辨化。他认为"孝"是一切道德的根本和总和，主张应该把"孝"作为自身修养的内容和治理家庭、保证家庭和谐的行为准则，同时也要作为君主治理国家的根本准则。曾子的这一伦理思想是对孔子观点的进一步强化，他把孝看作是人们发自内心的一种情感，而孝行为也应该是人们不自觉的行动。就国家方面而言，"忠"就是"孝"的体现，是人民对国家和统治者发自内心的敬爱和敬重。不仅如此，曾子还进一步丰富了孔子所倡导的孝行和孝规，认为大家在日常生活中要时刻谨遵孝道，将尽孝与个人道德修养相结合。曾子对"孝"的发展，使得君主宗法政体中的"家国同构"得到了完善，同时还开创了"移孝作忠"的先河。

孟子曾主张将"孝悌"作为伦理道德的核心思想，这既继承了孔子的"孝悌合一"思想，同时又对其作出了进一步发展。因此，他提倡的孝道，比前人倡导的"孝"的内容更加丰富和深刻。孟子以"性善论"为基础，对孝进行了合理论证。他主张应该把孝作为德之根本，同时孝也是人之本性，是每个人生来就应该具备的"善"。孟子的主张进一步阐述了"孝"与"仁"之间的关系，提出了"仁"最基本的含义是"事亲"和"亲亲"。在他看来，"事亲"应该算作行孝的开始而非结束，统治者应该"推恩"于天下，尽量做到"老吾老以及人之老"。同时，他还倡导家庭中也要做到敬亲、孝亲，而且还要把这种行为扩展到整个社会，这样国家才能形成良好的孝亲敬老的社会风尚。

《孝经》以孝为中心，集中阐述了儒家的伦理思想，继承和发扬了孔、曾、孟等人的孝道思想，同时也是儒家孝道理论最终得到确立的标志。《孝经》作为儒家十三经之一，包含了儒家的三大义理，即孝为德本、至德要道和孝之目标，是孝文化的范本，也是我国历史上第一部较为系统地阐述伦理道德的著作。它的出现，标志着孝文化的成熟。

三、孝文化理论的拓展

汉朝统治者对孝道十分重视。汉朝是我国历史上第一个将"孝"作为法度的朝代，其统治者所实施的"度孝以量刑"成为汉代"孝治"的最大特色。他们在治理国家的过程中，始终把孝放在最核心的位置，普及孝道教育，推行孝文化，使其成为治国安民的精神寄托。这一时期，孝道逐渐被泛化。从整体来看，"孝忠"思想得到推崇，成为当时社会思想道德体系的核心内容。统治者将原本作为伦理道德的孝道提升到"以孝治天下"的高度，推行孝治改革，施行"察举孝廉""度孝以量刑"，设"孝悌力田"，颁布"养老诏"，多项举措并举。"孝"是全国人民的行事准则，统治者以是否行孝为标准对人民进行奖惩。孝者给予奖励，甚至还能通过"举孝廉"

的方式破格提拔，成为管理阶层；而不孝之人则会受到严厉惩罚，例如弃市、腰斩等极其残酷的刑罚。将原本用于维护家庭和谐稳定的孝道和国家管理相结合，既丰富了孝的理论内容，又拓展了孝的运用空间，使孝文化适应了整个社会的需要，为其更广泛的发展提供了坚实的社会基础，并得以延续至今。

《孝经·五刑章》中写道："五刑之属三千，而罪莫大于不孝。要君者无上，非圣人者无法，非孝者无亲，此大乱之道也。"《孝经》中有很多内容都为汉代统治者所借鉴，因此，有人说《孝经》就是两汉时期立法的体现。此外，汉朝在立法上出现了"亲亲相隐"原则。如汉宣帝的"子匿父母等罪勿坐诏""耄老勿坐诏"等都体现了汉朝"情大于法"的社会现象。

隋唐时期，立法仍然延续汉代提倡的"以孝治天下"的政治伦理思想。但该时期也有自己的孝道伦理特点，例如"孝"被逐步政治化。统治者颁布了相关的法律条文，让孝道内容更加明确，同时也给予了法律保障。一方面，统治者昭告天下，大力宣传孝道，而且还根据制定好的相关法律来抑制和惩罚各种不孝行为，引导民众形成更为明确的价值观。此时，《孝经》中所涉及的"孝"行为大多在法律中有所体现。该时期颁布的《唐律疏议》是《孝经》思想在社会实践中的体现。《孝经》侧重于阐述孝的理论，《唐律疏议》则是将《孝经》的理论融入社会实践，将"孝"思想具体落实到行动上。《唐律疏议·名例律》中写道："德礼为政教之本，刑罚为政教之用，犹昏晓阳秋相须而成者也。"由此可见，唐律立法中儒家化的倾向非常鲜明。有人曾统计，在唐律律文及疏议中涉及孝的条款有58条，约占全部条款的11%。可见唐朝法律对于"孝"是十分看重的。另一方面，此时的孝道也表现出了极强的政治化倾向，最突出的特点就是孝道伦理和封建法律相结合。统治者为了强化孝道，不断地把政治和孝道捆绑在一起。例如，设置童子科制度，《新唐书·选举志上》中规定："凡童子科，十岁以下能通一经及《孝经》《论语》，卷诵文十，通者予官；通七，予出身。"

四、孝道走向愚昧化

到了宋元明清时期，封建统治者为了加强中央集权，更好地统治人民，极力推行孝道观念，让孝道和政治、意识形态等相结合，并将其作为臣民教育和行为的准则。对民间影响最大、流传最为广泛的就是元代的《二十四孝》（全称《全相二十四孝诗选集》）。它的推行，一方面对维护社会秩序起到了巨大作用；另一方面也让人们的思想更为僵化，扭曲了人们心目中"人道性"的孝观念。所以，元代以后，愚孝行为经常发生。具体来说，这一时期的孝主要表现出以下三个特点。

（一）孝的理论得到了进一步论证

宋元明清时期，统治者主张从"天理"的高度，从客观性和永恒性两方面对孝道进行诠释。朱熹曾在著作中指出："如事亲当孝，事兄当弟之类，便是当然之则。"他们非常推崇"存天理，灭人欲"的观点，认为孝是每个人与生俱来的本能，是先天的伦理要求，是对人们思想道德的考验。此时的孝道在宋明理学的诠释下，其理论形态在一定程度上得到了丰富和完善。

（二）孝行更加普遍化和极端化

为了加强对人民的统治，统治者开始在意识形态领域无限制地传播孝道，使其成为社会的主导思想，同时还与政治、法律等紧密结合。在这一阶段，一方面，孝成为当时社会的核心价值观念，行孝之人得到奖励和推崇，孝行的普遍化成为社会常态。另一方面，孝道也逐渐走向畸形发展和极端化。例如我们所熟知的"埋儿奉母""割股疗亲"等故事。

（三）孝道和孝治掩盖了作为人伦的孝观念

孝之"敬养"的含义依然存在，但其中子女尽孝的主要内容早已丢失。孝观念发展到宋元明清时期，与之前的孝已经截然不同。之前的孝，所阐述的是晚辈对长辈的侍奉、尊敬之义，但这一时期的孝，讲究子女对父母和其他长辈要绝对忠顺服从。家庭和宗族紧密联系了起来，家庭和宗族相比，宗族范围内的孝显得更为重要。它要求子女不仅要孝敬自己的父母，而且更有孝敬宗族中长辈的责任。这一时期的孝，进一步沦为封建统治者统治人民的道德工具。单就忠孝关系而言，统治者往往对忠的内容更加重视,因此在孝的宣传上,加入了更多忠的价值导向,把尽忠作为大孝之举,大肆奖赏。

  总体来说,宋元明清时期对孝的推崇达到了至高境界,孝道沦为家庭中父权专制的统治工具,成为国家君王独裁、统治人民的政治工具,在社会实践中走向极端化和愚昧化。当时,人们信奉"父母有不慈,儿子不可不孝"的观念,再加上"天人感应"等神秘文化对孝观念的影响,为孝赋予了更多的神秘色彩,夸大了孝的意义和作用,并由此产生了一些愚孝行为。

  愚孝,之所以称其为愚,是因为它并非真正的孝道。在古代,社会家庭伦理所提倡的是父慈子孝,父子之间的代际关系具有一致性,也就是父母要求子女所尽的孝与父母对子女的爱护之心是一样的。反之,如果子女的孝很容易就伤害到父母,那么它就并非真正意义上的尽孝。透过历史的表象,洞悉岁月的流转过程,拂去沉积在厚重历史上的浮尘后,最终展现的是中华民族传统文化的文明与智慧。孝文化的发展亦是如此。它经历了从产生到发展、成熟、衰落,再到重新认识、重新定位的过程;它有过辉煌的成就,也曾遭受过猛烈的抨击,它的发展可谓是沉痛而曲折的。孝道伦理思想在历史的发展变化中,之所以能延续到今天,成为中华民族精神品格的一部分,必然有其特殊的含义,有着重要的文化价值。正如梁漱溟先生所言:"中国文化在某一意义上可谓为'孝的文化'。孝在中国文化上作用至大,地位至高;谈中国文化而忽视孝,即非于中国文化真有所知。"由此可见,孝文化在我国的地位举足轻重。

第三节 中国传统孝文化的价值与反思

  进入近现代社会,经济飞速发展,生产力得到大幅提升。孝文化作为中华民族的传统文化,面临着一个重要的问题——传承,这需要我们用科学的态度去审视孝文化,对其进行准确定位,实现其积极的历史价值。尤其是我们正走在实现中华民族伟大复兴的道路上，孝文化对我国的发展具有更重要的现实意义。它不仅在维护家庭和谐、社会稳定和国家统一方面作出了重要贡献，而且对我国民族精神的凝聚和国民性格的形成产生了较为深远的影响。

一、社会稳定的精神力量

儒家对孝道非常重视，并提倡以修身为基础。《孝经》中写道："夫孝，始于事亲，中于事君，终于立身。"由此可知，儒家学派一直将"弘道求道，成仁取义，以天下为己任，以兼济为目标"作为其修身的追求。换句话说，他们所讲的"修身"，其目的在于治国平天下。另外，孝道中还推崇忠君思想，倡导人们应该报国敬业。出于对家庭和父母尽责，古人对国家、民族的奉献才充满了不懈的动力。当然，也正是从这个角度出发，立身之孝才能更为长久地激发人们"先天下之忧而忧"的报国情怀。

传统的孝文化对调整家庭内部及社会人际关系，构建和谐社会起着至关重要的作用。从家庭角度考虑，孝道自古就是调节代际关系的基本规范，因此孝道的践行可以促进家庭和谐发展，为家庭营造一种父慈子孝、兄友弟恭的良好氛围。儒家历来对家庭的作用较为看重，因此大力推崇孝道，用以规范家庭的伦理关系。《论语·学而》中写道："弟子入则孝，出则悌。"《孟子·公孙丑下》中也写道："内则父子，外则君臣，人之大伦也。"此外，《孝经·广至德章》中还提道："君子之教以孝也，非室至而日见也。教以孝，所以敬天下之为人父者也。教以悌，所以敬天下之为人兄者也。教以臣，所以敬天下之为人君者也。"由此可以看出，孝道对调整社会人际关系也非常重要。从这一点考虑，传统孝文化对于维护社会稳定有着巨大的积极作用，担负着调整社会人际关系，实现和谐社会的重要责任。传统孝道强调"亲亲、敬长"，如果一个人在家能做到尊敬长辈，那么在社会上自然是一个"温、良、恭、俭、让"的人。推而广之，如果全社会的人都能如此，那么这个社会自然而然就会更加和谐。儒家提倡移孝作忠，这是一种内在的驱动力，能够使人们自觉地把家国利益作为最重要的事情，心甘情愿地服从整体利益，最终形成一种"服从意识"和"维护效应"。《论语·学而》中写道："其为人也孝悌，而好犯上者，鲜矣；不好犯上，而好作乱者，未之有也。"当具有约束性的社会规范与自律性的道德修养合二为一时，孝悌之道自然被推崇，而社会也就自然和谐稳定了。

中华民族文化博大精深，孝道思想历经了几千年的洗礼，至今仍然深深地影响着中华民族文化的发展方向。"发端并凝结于孝观念之中的基本精神影响和培育了中国人的优秀人格特质，如仁爱敦厚、忠恕利群、守礼温顺、爱好和平"，这段话明确表明了传统孝道文化蕴藏着中华民族仁、义、礼等精神与追求和谐的价值取向。儒家对这一点也极为重视，他们把孝看作行仁的起点，认为每个人的仁爱之心都产生于亲情，如果能将爱亲之情推己及人，从家庭逐步外化至亲属、朋友等，那么这种仁爱之心，必定能影响到每个人。

"和谐"自始至终都是孝文化的目标，是我国人民的内在心理需求和人生实践。和谐的定义非常广泛，它包括身心和谐、家庭和谐、社会和谐等，总体来说，这种"和谐"思想对于培育守礼温顺的国民性格非常有利。如果能将"和谐"思想用以维护世界秩序，那么世界或许更加和平。

二、传统孝文化的历史反思

孝道文化在历史的影响下，思想内容随着社会的发展而不断丰富，思想理论体系也逐渐确立起来，但也难免会有很多不合时宜的地方。因此，在传承传统孝文化方面，我们应坚持马克思主义唯物辩证法思想，将该文化一分为二，辩证地看待。对那些能够善待父母、尊敬长者的积极行为，以及孝文化中的其他精华部分予以继承和发扬，而对于其中的消极愚昧思想则要坚决剔除。

（一）代际关系中的人格失衡

传统孝文化中的代际关系也存在失衡的问题，主要表现为人格主体有不平等的表现，父代与子代之间的权利与义务的划分也存在着不对等。在我国古代，父代不能平等地看待子代，总是将子代视为自己的附属品。父母对子女的支配权过大，尤其表现在子女婚配的问题上。封建社会中，父母为子女选择配偶的标准，大多考虑的是门第权势，无论子女是否愿意，都只能服从，否则就会被视为大逆不道。即便在现代，也依然会有这种问题出现，比如"期望转移"，父母把未能实现的愿望转嫁到孩子身上，不顾孩子的意愿，掌控孩子的一切等，这些都是关系不对等的表现。

另外，父母和子女之间的权利和义务也不对等。在儒家的孝道思想中，等级观念十分明显，例如"君臣、父子"的关系以及"礼制"等，无时无刻不渗透着人与人之间的不平等关系。该关系主要表现为单向服从，例如所提倡的"尊老爱幼"，强调的永远是长在上，幼在下。这一点并非一开始就如此。先秦时期，儒家思想崇尚的"父慈子孝"，便是一种较为对等的关系。但随着时代的发展，该思想到了汉朝便日益趋于片面化，义务几乎全部归子女，而父母则只享有权利。家庭关系亦是如此。最初强调的尊卑长幼的亲情关系属于相对关系，随着时间的推移，便出现了先为人子、后为人父的思想。直到现在，尊卑地位才得以相对平衡。相对平衡平等的关系是最好的家庭关系，父子间关系平等，子女的人格在健康的环境中自由发展，如此才能对子女的心理和精神产生良好的影响。

总之，封建时期的孝道严重压抑了子辈的个性，不利于子辈形成健康的人格。在封建社会，父代享有绝对权威，子代一味无条件地服从父代的安排，久而久之，就会养成一种奴性人格。虽然这样的孝道维护了封建时期的家族制度，但对子代的性格培养却起到了消极作用，让他们失去了独立自尊的人格。

（二）血缘亲情优于法律

封建社会时期，孝道特别强调血缘优先，在家庭伦理中主要表现在注重父子关系上，它优先于包括夫妻关系在内的一切伦理关系。相较而言，父子关系既是一种生理血缘关系，也是一种社会关系，而夫妻关系则属于法律关系，因此夫妻关系具有选择性。那么，基于这个原因，父子关系自然要更为尊崇一些。正所谓"子女对父母的无条件恭顺，不是对父母人格、真理的遵从，而是对由生物性决定的人际关系的确认和驯服"。由于宗法亲情对我国社会影响深远，因此我国古代在制定法律时，往往具有宗法伦理的倾向，讲究情大于法。不过，中国古代的法律也有其自身的优势，对于调节家庭伦理关系，实现家庭中的代际和谐，维护家庭稳定十分重要。但就长远来看，它却是以破坏司法权为代价的。从根本上来说，家庭伦理和国家利益是一致的，如果某个家庭的内部人员犯罪，亲人会很自然地隐匿其罪，帮助其开脱。从父代与子代之间的权利与义务关系来看，为亲人隐匿罪行，既属于子代的权利，也是其义务。该现象虽然维护了宗法伦理，却也留下了社会隐患，值得我们反省和改正。

第二章

传统女孝文化概述

第二章

旧体文学文化传统

第一节　传统女孝文化的内涵

一、女孝的内涵

女性一生之中，以其人生阶段的不同，分别扮演了女儿、妻子、母亲三种角色。在封建社会中，女性一生之中处于女卑"三从"的地位，即在家从父、既嫁从夫、夫死从子。在这三个时期，就孝道义务而言，就是在家孝顺父母，嫁后孝顺公婆、勉夫行孝，并且要生儿育女，承续香火，这可以视作女子对家族行孝的义务。在这三个阶段的义务中，最难也最受重视的是为妇之孝道，因为为女孝亲、为母慈子均是自然亲情，当然易为实行，而孝舅姑（公婆）则纯粹出于道德义务。正因为其难，才更有伦理价值。

（一）对父母的孝道

女子的第一角色是女儿，根据"在家从父"的原则，其孝道义务首先是要在家顺从父母、孝敬父母。

女子孝顺父母的方式与男子有很大的区别。在中国古代，男子的主要责任是养家糊口，女子的主要责任是操持家务，所以女子对父母的孝敬更多地体现在对父母日常起居的照顾和对父母的精神抚慰方面。并且，在某些重要的时刻为了父母的安危，女子能舍弃和牺牲自我的行为也往往被士人们所称赞。《女论语·事父母章》中载："女子在堂，敬重爹娘。每朝早起，先问安康。寒则烘火，热则扇凉。饥则进食，渴则进汤。……父母年老，朝夕忧惶，补联鞋袜，做造衣裳。四时八节，孝养难当。父母有疾，身莫离床。衣不解带，汤药亲尝。"这段话详尽描述了女子应该如何耐心地伺候父母。

在普通家庭中，女子也是劳动力，她们不能像官宦家的小姐那样在家里陪伴父母，而是要拼命劳作养家糊口。因此，女子孝的内涵就更加宽广了，除了要伺候父母的饮食起居，还要帮家里分担养家糊口的重任，有危险的时候还要挺身而出。《女论语·事父母章》又载："设有不幸，大数身亡。痛入骨髓，哭断肝肠。劬劳①罔极，恩德难忘。衣裳装殓，持服居丧。安埋设祭，礼拜家堂。逢周遇忌，血泪汪汪。"即父母去世之后要体现出身为女儿应有的极度悲伤，这也是衡量其孝顺与否的重要标准。而在家里没有男子的情况下，女子还要承担丧祭之责。

总而言之，女子对父母的孝顺主要体现在是否顺从父母的意愿，是否悉心照料父母，是否敢于为父母作出牺牲，是否能担当起丧葬父母的职责。然而，不论要求怎样严格，父母亲都是生养自己的人，所以孝敬父母是理所应当的。而出嫁的女人则不一样，她们要孝敬的主要是自己的公婆，而这种没有血缘关系的纯孝义上的敬养实在是难能可贵，因此更被士人们推崇和称赞。

（二）对舅姑的孝道

《女孝经》载："女子之事姑舅也，敬与父同，爱与母同。守之者，义也；执之者，礼也。鸡初鸣，咸盥漱衣服以朝焉。冬温夏凉，昏定晨省。敬以直内，义以方外，礼信立而后行。"这段文字叙述了女子事舅姑的基本义理和责任，即悉心照料舅姑。除此之外，很多媳妇往往牺牲自己的利益来满足舅姑。《女孝经》中没有"事父母章"而有"事舅姑章"，足可见古人更为看重女子对舅姑的孝道。

《朱子成书·家礼》中形象地描写了新郎和新娘在婚礼前是如何接受父母的教导的。新郎要拜两次，然后从家长手里接过一杯酒献祭，跪拜过许多次以后，接受父亲的训导："往迎尔相，承我宗事。子媾相息，勖帅以敬先妣之嗣，若则有常。"新郎回答："诺。惟恐不堪，不敢忘命。"与此同时，新娘的父亲也在给她同样的告诫："敬之戒之，夙夜无违舅姑之命。"然后，新娘的母亲为她整理凤冠和披肩，教导说："勉之敬之，夙夜无违尔闺门之礼。"新娘的婶婶、姑姑、嫂子和姐姐会送她到闺房的门口，再一次为她整理裙裾，重复着父母的教导："谨听尔父母之言，夙夜无衍。"通过以上叙述，我们了解到，新娘在出嫁的那一天要轮番接受父亲、母亲、姑嫂们的教诲——"夙夜无违舅姑之命"，重复三遍，可见对于新娘子来说，"无违舅姑"是多么重要的事情了。同时也可以看出，

---

① 劬（qú）劳：劳累。

孝敬舅姑最重要的事情就是"夙夜无违舅姑之命"，既概括了侍奉舅姑的要求，也点明了媳妇要无条件地服从于舅姑的命令。

除了上述所讲媳妇要全身心地伺候公婆、无条件地服从公婆的命令之外，还要求媳妇对公婆有严肃的敬意。《女论语·事舅姑章》中要求妇人敬事公婆的态度就充分体现出了这种理性多于感情、敬意多于爱心的情形："敬事阿翁，形容不睹，不敢随行，不敢对语，如有使令，听其嘱咐。姑坐则立，使令便去。"也就是说，面对公公时，连看都不能看，翁媳之间，要有男女大防；面对婆婆时，则只能听其使唤。这里强调了侍奉公婆的区别：侍奉婆婆可亲密为孝，越细心越好，而侍奉公公则要处处显示出男女之间的大防。除了不可亲密为孝外，媳妇还要为公公隐瞒过错。儒家认为，亲属之间尤其是父子之间，是不应该互相揭短的，而应该互相隐瞒。汉代以后"亲亲相隐"的观点一直被历代当政者所倡导和认可，唐代以后"亲亲相隐"的范围被扩大，只要是同居共财的亲属，都要互相隐瞒过错，因此媳妇自然要为公公隐瞒过错，否则会被视为不孝。

（三）对家族的孝道

妇人对家族要尽的孝道主要包括掌管家务、延续香火、教育子女和祭祀祖先。同时还要劝谏自己的丈夫行孝，时时勉励丈夫积极上进。

古时女子嫁人之后，为家族生儿育女是其应尽的责任和义务。如果不生育，则会面临要么被休，要么成为别子之母的情况。儒家之孝道中，无后是最大的不孝。封建社会中，家庭往往把不能生育的责任全都推在妇女身上，因此没有生育的妇女往往地位很低。除了生育子女之外，妇女还要教育好子女，这也是其不可推卸的孝的责任。在《女孝经》中有"胎教章""母仪章"，皆言女性教子之要。"胎教章"说道："人受五常之理，生而有性习也。感善则善，感恶则恶，虽在胎养，岂无教乎？古者，妇人妊子也，寝不侧，坐不边，立不跛；不食邪味，不履左道；割不正不食，席不正不坐，目不视恶色，耳不听靡声，口不出傲言，手不执邪器；夜则诵经书，朝则讲礼乐。其生子也，形容端正，才德过人，其胎教如此。"意思是说，女子从怀上孩子开始就要端正自己的一言一行，以便给胎儿营造一个良好的生长环境，在潜移默化中影响胎儿的素质。"母仪章"则要求为人母要教子以孝，要教导子女"出必告，返必面；所游必有常，所习必有业。居不主奥,坐不中席,行不中道,立不中门。不登高,不临深,不苟訾,不苟笑,不有私财"。这些内容正是《礼记》中规定的为人子女的具体行孝规范,而教导子女,正是母亲对家族应尽的孝的义务。

第二节 对女性孝行的分析

孝道文化是我国历史悠久的传统文化,女孝文化则是其中非常重要的内容。行孝是古代女子品德的重要组成部分,它源于社会的需求,更是一种社会文化符号。古代社会的女孝文化对当时社会良好风气的形成具有一定的积极作用。古代女子讲究"三从四德",在未出嫁之前,主要帮助父母打理家中的事务。家庭是古代女子学习孝道文化的主要场所,父母、兄长等是其主要的老师,他们言传身教,要求女子遵守孝道。当然,在封建社会末期,也有一些开明的富家商贾或者名流,请专门的老师对家中的女子进行教学,而孝道文化是主要的教学内容。女子出嫁之后,主要的任务就是在家相夫教子,让孝道在下一辈中得以继承。因此,如果没有前期对孝道文化的学习和身体力行,就无法对子女进行孝道文化的教育。女子既是孝道文化的践行者也是传播者,孝道文化在女子一代代的坚守和传承中得以继承和发扬,这对孝道文化的发展起到了重要作用。

女孝文化是封建社会崇尚的一种文化,女性要无条件地遵从,这是当时的社会准则,也是一种文化时尚。在今天看来,女孝文化会显得迂腐或者是苛刻,但是对于身处当时社会环境中的女子来说,这样的要求则是"理所当然"的。因为这就是当时社会中大多数女人生活状态的真实写照,所以,如若不遵从,反而成了异类。由此可见,环境决定了她们必须在生活中提升自身的思想品质,学习孝道文化,从而形成一种社会现象和社会风气。

随着社会的不断发展,传统孝道被赋予的内容也越来越丰富,它所包含的内容并不仅仅是子女对父母的情感,还成了每个人必须遵从的道德纲常,成了衡量一个人道德水平的重要标准。而中国传统女性的孝行是传统孝道的重要组成部分，主要包含以下几方面的内容。

一、对父母的孝行

"始于事亲，中于事君，终于立身"，可见行"孝"要先从善事自己的父母开始，在这一点上，女孝与男孝并无多大差异。在家"孝"父母乃是出于自然亲情，如《诗经·小雅·蓼莪》中所说的"蓼蓼者莪，匪莪伊蒿；哀哀父母，生我劬劳。蓼蓼者莪，匪莪伊蔚；哀哀父母，生我劳瘁"。至于孝行有很多，这里选择几种有代表性的行为进行阐述。

（一）对父母日常生活的悉心照顾

对于女子来说，奉养父母，重在照顾父母的生活起居，操持家务，善做女红。除此之外，要对父母持有尊敬的态度，不要惹父母伤心。史书记载：和熹邓皇后在家做女儿的时候，母亲为其剪发，无意中伤及脑后，邓皇后竟忍痛不言，只为"难伤老人意"。女儿对父母的日常照顾并不仅限于衣食住行等物质上的照顾，还要考虑精神上的照顾。

（二）对婚姻大事的顺从

从汉代开始，"孝"观念开始与个体家庭结合在一起，渗透到家庭生活的内部。维护家长权威的"孝"成为家庭和睦的基本准则。作为女儿，在婚姻大事上顺从父母的意愿就是孝的体现。封建社会里，婚姻的缔结大都由父母一手操办，一系列的婚姻程序也都由媒人和父母决定，讲究"父母之命，媒妁之言"，子女大多不能干涉。

（三）救亲于难

当父母遇到灾祸时，做女儿的要挺身而出，例如汉代淳于缇萦上书救父。淳于缇萦的父亲淳于意"少而喜医方术"，"文帝四年中，人上书言意，以刑罪当传西之长安。意有五女，随而泣。意怒，骂曰：'生子不生男，缓急无可使者！'"这时小女儿缇萦因父亲的话而悲伤，就跟父亲进入长安，向汉文帝上书曰："妾父为吏，齐中称其廉平，今坐法当刑。妾切痛死者不可复生，而刑者不可复续，虽欲改过自新，其道莫由，终不可得。妾愿入身为官婢，以赎父刑罪，使得改行自新也。"皇上听到后怜悯她的心意，同年就废除了肉刑法。后来，"缇萦上书救父"成为典型的孝道故事。

（四）为父母复仇

父母是自己最重要的亲人。中国古代讲究杀父母之仇不共戴天，《礼记·曲礼上》云："父之仇，弗与共戴天。"后来又进一步强调"父之仇，辟诸海外则得与共戴天，此不共戴天者，谓孝子之心，不许共仇人戴天，必杀之乃止"。为父母复仇则成了为人子女毕生的"事业"，不得推辞。《后汉书·列女传》中记载，孝女赵娥，虽已嫁人，但在其生父被杀，她的三个兄弟又先后病逝的情况下，报杀父之仇的重任就只能由她来完成。于是她经常"潜备刀兵，常帷车以候仇家"，但十余年没有机会，后来"遇于都亭，刺杀之"，完成复仇大业。《华阳国志·梓潼士女志》中记载，敬杨八岁时"父为盛所杀"，十七岁嫁入孟家，孟家与盛有来往。敬杨对丈夫提及盛与自己有杀父之仇，告诫丈夫不要与盛来往，丈夫告诉盛后，盛不听劝告。"盛至孟家，敬杨以大杖打杀盛。将自杀，（夫）孟止之，与俱逃。……会赦得免。中平四年，涪令向遵为立图表之。"赵娥和敬杨的事例说明女子为自己的血亲复仇也同样成了社会支持的普遍现象。

（五）丧亲与祭亲

丧礼，儒家向来重视，这是孝行的主要表现之一。《仪礼·丧服》中记载："女子在室为父，布总、箭笄、髽、衰、三年。"意思就是说，父亲死后，在家未嫁的女子为父亲服斩衰，用布把头发束起，用竹制的簪子插在头上，露出麻发合结的丧髻，服斩衰三年，以尽孝道。未嫁女对死后父母尽孝道的方式主要有殉葬和寻尸两种。出嫁女在父亲死后要为父亲守丧一年，属齐衰不杖期。不论是未嫁女还是出嫁女，出于血缘亲情都会对父母尽孝，但尽孝方式有所不同，出嫁女虽因出嫁从夫，对父母来说已是外家人，在服丧上与未嫁女有所区别，但这仍然阻断不了女儿与父母之间的血缘亲情。

二、对舅姑（公婆）的孝行

女子从父母的女儿变成公婆的儿媳妇，完成了人生中角色的转换。从此，女性开始在夫家度过其一生中大部分的时间，夫家成为女性生活的中心。在夫家，受"女主内"思想的影响，女性生活范围被限定在家庭内部，所要处理的主要人际关系除了夫妻关系外，最重要的就是婆媳关系。舅姑也就成了妇女主要的孝顺对象。就儿媳妇对舅姑的孝行而言，大体可以归纳为以下三个方面。

（一）对舅姑（公婆）的顺从

中国传统文化中，人们最为看重的，也是最能体现女子孝顺与否的标准，就是如何尽心尽力地侍奉公婆。《后汉书·列女传·姜诗妻》中记载了广汉人姜诗妻奉养婆婆的故事："诗事母至孝，妻奉顺尤笃。母好饮江水，水去舍六七里，妻常溯流而汲。……姑嗜鱼脍，又不能独食，夫妇常力作供脍，呼邻母共之。"对舅姑的顺从，克服困难满足舅姑提出的要求是为妇者最基本的孝道。也有妇女因为对老人照顾不周，不够恭敬或者不受婆婆喜爱而遭到休弃。《礼记·内则》中曰："子甚宜其妻，父母不悦，出；子不宜其妻，父母曰：是善事我，子行夫妇之礼也。"这说明古代婚姻关系中男子娶妻首先是为了侍奉父母，其次才是为了夫妻情爱。这也就决定了妻子在婚姻关系中的首要任务是取得舅姑欢心。也就是说，对舅姑要行孝，如有不孝则会被休弃。

《礼记·内则》要求妇女在日常生活中对待舅姑要顺从，做事情要面面俱到，事事上心。汉代班昭将妇女侍奉舅姑的规范上升到理论的高度，把妇女侍奉舅姑时"恭敬顺从"的态度上升到了极致，对待舅姑不论是非黑白都要完全曲从。"然则舅姑之心奈何？固莫尚于曲从矣。姑云不尔而是，固宜从令；姑云尔而非，犹宜顺命。勿得违戾是非，争分曲直。此则所谓曲从矣。"班昭认为对舅姑行孝最主要的是做到曲从，即不要和舅姑争论是非黑白，舅姑永远是对的，对舅姑曲从才是为人妇者应尽的孝道。

（二）亲亲相隐

女性在日常生活中不仅要表现出对舅姑的"顺"，更要对舅姑隐恶扬善。《华阳国志·汉中士女志》中记载了东汉末年赵嵩的妻子张礼修，其婆婆蛮横不讲理，"终无悦色"。之后归宁时，父母盘问，张礼修不说婆婆一句坏话，只是引咎自责。婆婆知道了媳妇在娘家的表现后感动万分，从此对媳妇慈爱有加，婆媳关系得以改善。张礼修隐姑之恶换来了姑对其善。东汉乐羊子的妻子在丈夫外出学习时独自供养婆婆，婆婆杀了邻居家的鸡做成菜。乐羊子之妻知道后不动筷子。婆婆问她为何，她婉转地劝说："儿媳无能，不能让您有肉吃。"婆婆羞愧地将肉扔掉。乐羊子之妻的婉转劝说，既不伤婆婆尊严，又使其幡然醒悟。

并且在舅姑触犯法律时也要遵从"顺"。汉代法律出于孝道，遵从"亲亲相隐"的原则。睡虎地秦简《法律答问》载："子告父母、臣妾告主，非公室告，勿听。……勿听而行者，告者罪。"张家山汉简《二年律令·告律》第133简亦规定："子告父母，妇告威公，奴婢告主、主父母妻子，勿听而弃告者市。"历代统治者都非常注重维护家庭伦理，尤其注重维护在家庭中处于尊贵地位者的权利，而家庭中的女子在法律和孝道的夹击下却一直处于劣势地位。

（三）贡献嫁资

司马光提出，妻子不应该把嫁妆视为私人财产，并引用《礼记》中的内容"子妇无私货，无私畜，无私器"，说儿媳应该没有个人财产，甚至她得到的礼物也应当交给公婆，不能留给自己，即便是从前得到的礼物也不能留下。除了这些舆论的影响外，在法律上，妻子的财产权也缺乏保障，《名公书判清明集》里没有一例妻子谴责丈夫未经她同意卖掉自己嫁妆的案件，反而有很多资料记载了妇女因为无私贡献自己的嫁妆而受到表扬。因此，贡献嫁妆成了妇女向自己的舅姑和家族尽孝道的一种重要的表现形式。

向新家庭贡献自己嫁资的新娘往往能受到家庭成员的赞许，从而获得他们的认可，拉近与家庭成员之间的距离，使自己尽早融入大家庭。新娘从娘家带来的陪嫁物品，即"妻家所得之财"，原则上不属于大家共有，而属于小家庭私有。唐《户令》中强调："诸应分田宅者，及财物，兄弟均分，妻家所得之财，不在分限。"夫人财产，并同夫为主。妻子从娘家所得之财与丈夫共有，但妻子的支配权较大。所以，大家对于能自愿把自己的陪嫁品奉献给大家庭的新媳妇，自然是刮目相看的。

三、对家族的孝行

（一）敬事丈夫

原本孝是子辈对父祖辈的伦理义务，但因受孝悌和男尊女卑观念的影响，在中国古代社会中把事夫也泛化成了一种女子孝道要求。《女孝经·纪德行章》中认为："女子之事夫也，缅笄而朝，则有君臣之严；沃盥馈食，则有父子之敬；报反而行，则有兄弟之道；受期必诚，则有朋友之信；言行无玷，则有理家之度。五者备矣，然后能事夫。居上不骄，为下不乱，在丑不争。居上而骄则殆，为下而乱则辱，在丑而争则乖。三者不除，虽和如琴瑟，犹为不妇也。"这是说女子侍奉丈夫时，束发加簪后拜见丈夫，就有如君臣相见般庄严；浇水洗手后献上食物，就有如父子般恭敬；怀着感恩的心常想回报夫君，就有如兄弟般的情义；接受夫君委托之事竭诚去做，就有如朋友般诚信；言行得体没有过失，就有料理家事的风范和气度。只要这五方面具备，就能侍奉好丈夫。总之，地位尊贵而不骄慢，身居下位而不任意随便，在大众中礼让不争。身居上位如果骄慢无理就会有危险，身居下位如果任性妄为就会受侮辱，在众人中如果与人争斗就常不顺心。这三方面若不戒除，即使与丈夫如琴瑟般和睦，仍旧是违背妇道。

除了服侍和辅佐丈夫，传统女子的孝道还要求女子"为夫守节，从一而终"。这里的"夫"不仅包括丈夫，也包括未婚夫。已聘未嫁而未婚夫死亡，女誓不再嫁者称为贞女。贞女又分为两类：为未婚夫殉死的是贞烈女，为夫守节者是贞节女。贞节女可以入夫家代夫孝养公婆，也可以留在娘家，孝养父母，无论是入是留都要为夫守节。

贞节女在入了夫家以后，毅然承担起一个儿媳应当承担的责任，不仅安葬丈夫，而且孝养公婆直至公婆百年后入土为安。可以说，她们在承担妻子、儿媳甚至母亲的角色中才能看到了生存的意义。对夫家而言，这位特殊的儿媳代夫孝养公婆，尽了孝道。在夫家，守寡的贞女可以将为夫守节与尽孝道完美结合。

（二）延续烟火

传统的孝观念认为人结婚的目的之一就是生子，繁衍后嗣。儒家历来重视后嗣的繁衍，孟子的"不孝有三，无后为大"思想，对后人产生了深远影响。《孝经·圣治章》中说："父母生之，续莫大焉。"延续香火的子嗣观念在汉代同样也受到重视。儒学家们强调"人道所以有嫁娶何？……重人伦、广祭祀也"。社会各个阶层都以繁衍子嗣、延续香火使整个家族得以延续，使祖先得享祭祀，作为自身不可推卸的责任，而完不成这一重任就是对父母乃至家族最大的不孝，是对祖先最大的不尊，因此这也成为婚后女性所要解决的头等大事。从理论上讲，夫妇关系得以维持的标准之一是妇人能否"上事宗庙，下以嗣后"，而"事宗庙，继后嗣"都是妇女孝道的表现。妇女只有生下男性继承人后，才算为家族的延续贡献力量，才被认为是为家族尽孝。换句话说，没有子嗣就是没有尽到孝道，就有被休弃的可能。《大戴礼记》中提到的女子"七出"中，无子位列第二。为了能够延续香火，为家族尽孝，曾有罪犯妻子入狱产下男婴之事。

皇家女性延续烟火的责任更是尤为重要。汉代高祖皇帝曾宣称"非刘氏不王"，且由于实行"以孝治天下"的政策，汉代皇族子嗣更为重要。在整个封建社会，皇族女性生下男性继承人就会被认为对皇室血脉的繁衍有功，从而提升其在皇宫中的地位；母子之间的命运共同体关系显得尤为强烈，也因此皇族女性围绕着子嗣问题出现了超乎寻常的宫廷斗争。

在民间也是一样，不仅丈夫及其家人会以无子为由而休妻，更有甚者，弟子出面替无子的先生休妻。例如《后汉书》中记载何汤是桓荣的学生，"以才学知名。荣年四十无子，汤乃去荣妻，为更娶，生三子，荣甚重之"。

（三）教育子女

女子除了生养子嗣外，还应对子女进行教育，这也是女子为家族尽孝的一种义务。早在汉代，我国就已经有了比较系统的教育理论。贾谊在其《新书》中提到，身为人母对子女的教育应从胎教开始；刘向的《列女传》中也提到注重胎教。胎教对人的成长相当重要。女子怀胎十月过程中应注意所处的环境要适宜，饮食搭配要合理，更重要的是有非常严格的行为要求，首先要心地正直，其次要时刻保持坐、卧、立、行、言等姿态的端正，并且合乎礼仪，达到"立而不跛，坐而不差，笑而不渲，独处不倨"。除此之外，还要做到"目不视恶色，耳不听靡声，口不出傲言"。

除了胎教之外还有孩子的早期教育。虽然《三字经》有言，"子不教，父之过"，但实际上在传统中国社会，由于母亲主内，孩子出生后的早期教育还是由母亲负责。《女孝经·母仪章》中特别强调母教的重要性："夫为人母者，明其礼也。和之以恩爱，示之以严毅，动而合礼，言必有经。男子六岁教之数与方名，七岁男女不同席、不共食，八岁习之以小学，十岁以从师焉。出必告，返必面；所游必有常，所习必有业。居不主奥，坐不中席，行不中道，立不中门。不登高，不临深，不苟訾，不苟笑，不有私财。立必正方，耳不倾听，使男女有别，远嫌避疑，不同巾栉。女子七岁教之以四德，其母仪之道如此。"这是说作为母亲要明白礼制，对孩子的态度要温和亲爱，示范要严厉刚毅，行动合乎礼制，言语遵守规矩，阐明了身教重于言传的道理，强调了在日常生活中教之以美德习惯对于孩子的健康成长至关重要。

历代统治者都非常重视母亲对孩子的教育贡献，树立贤母形象进行褒奖。例如《汉书·金日磾传》中记载："日磾母教诲两子，甚有法度，上闻而嘉之。病死，诏图画于甘泉宫，署曰'休屠王阏氏'。"《广博物志》中记载："汉冯异欲从光武。其母嘱之曰：'汝今尽忠，莫思尽孝。我自为计以绝子内顾之念。'遂缢而死。光武即位，命建庙祀之，庙在饶阳县。"刘向的《列女传》中开篇第一章《母仪传》即记载了历代贤母，还有我们熟知的"孟母教子""岳母刺字"等都是母亲教育子女的佳话。这些都说明历代统治者的主流观念是认可母亲在教育子女方面所做出的积极贡献的。

（四）和亲睦族

嫁为人妇后不仅要孝敬舅姑、养教子女，还要处理好与夫家族人的关系。《女孝经》中强调处理好妯娌之间的关系，这是孝悌精神的延伸。《孝敬·广扬名章》中有云："事姊妹也义，故顺可移于娣姒；居家理，故理可闻于六亲。是以行成于内，而名立于后世矣。"（"娣姒"在《汉语大词典》中有两义，一是指同夫所纳之妾，年长的为姒，年幼的为娣；一是指妯娌，即兄妻为姒，弟妻为娣。在这里应指妯娌。）这句话是说女子要以对待亲生姊妹的仁爱敬顺之心来和睦妯娌，管理家庭事务要合理，并以此闻名于族内，在家里有良好的德行就会扬名于后世。妯娌同为夫家的"外姓人"，本来各随父姓，从无瓜葛，只是因为嫁给了同一宗族的兄弟才有了"姐妹"情分，共同生活在一个家族。按说本应和睦相处，然而由于同胞兄弟之间存在着家族财产权的分配继承问题，成家以后形成了小家庭，各自成为相对独立的经济单位，故妯娌之间的关系就变得微妙起来。在传统的大家族中，来自不同本源家庭的众多妯娌同属于一个家族，侍奉着相同的公婆，确应以和为贵、和亲睦族，这是家族兴旺的一个重要因素。《女孝经》中只规范了妯娌关系，而未论及与其他夫族的关系。窃以为，女子与其他长幼的关系可参照"事舅姑"和"母仪"之道，而同辈之间的叔嫂、姑嫂关系较妯娌关系更近一层，作为嫂子的女性相对于叔和姑来说为"外姓人"，自然是以"谦顺"（《女诫·和叔妹》）为德。总之，妇女在夫家要以仁爱谦顺为原则，有时还要委曲求全以"得上下之欢心"（《女孝经·孝治章》）。

（五）掌管家务

随着男主外、女主内观念的深入人心，家庭内部母亲的权力也开始增强。所谓的女性"主内"，其实就是掌管家务，主持家事。尤其在一个家庭内部，父亲去世后，母亲代替父亲掌管家庭中的实际权力，维持一个家庭的正常运转，这也是女性对家族所尽的孝道。

在古代，皇族家事一定程度上代表国事。在没有皇帝在场或者皇帝年幼的情况下，太后会以皇帝母亲的身份参与朝政，确保国家事务顺利进行。《独断》中记载了太后摄政之制："群臣奏事，上书皆为两通，一诣太后，一诣少帝。"

在民间，母亲主家事也是如此。汉末孔褒、孔融兄弟因为庇护朝廷通缉犯张俭受到连累，两人为抵罪而争，此时其母出面说："家事任长，妾当其辜。"孔母虽为救儿而包揽责任，但确实反映了孔母在家庭中的主事地位。妇女主家事，还表现在家庭经济活动中占据举足轻重的位置。她们既要从事农业生产，又要承担家务劳动，还要承担政府的徭役，更要挤出时间来桑蚕、纺绩。

女性主家事还体现在母亲拥有家庭财产的支配权。《先令券书》中记载的老妪朱凌，在遗嘱中主导家庭财产分割，并在遗嘱执行时仍发挥重要作用。还有《金广延母徐氏纪产碑》中记载的徐氏二次析产的事例，也证明了母亲掌管着家庭的财产分配大权。且以上两则实例中的母亲都是寡母，她们掌握财产分配权力，也正是"孝"的一种体现。

（六）参与祭祀

女子参加祭祀活动，可被看作是向家族先辈尽孝的表现形式。阎爱民在《汉晋家族研究》中认为："祭祀的缘起，与人类的生育繁衍有关，祈求子孙繁衍众多是祭拜祖先的重要目的。"所以祭祀的主体中，女性占有重要地位。受孟子"不孝有三，无后为大"的思想影响，女性繁衍后代被看作是向家族尽孝的大事，那么与生育繁衍有关的祭祀活动，女性参与其中也可被看作是向家族尽孝。班昭在《女诫》第一章中提及生女的其中一项作用即为"斋告先君，明当主继祭祀也"，认为"主祭祀"为"女人之常道，礼法之典教"。另外，班昭在《女诫》中还提及女性是家庙祭祖的重要参与者。祭祀家庙时所用贡品皆由女子亲自准备，正所谓"絜斋酒食，以供祖宗"。崔寔在《四民月令》中也提到家族祭祀时女子可以妻子身份参与。

女子参与祭祀首先应该从三月庙见之礼开始。《礼记·昏义》中明确表示婚姻的意义为"上以事宗庙，而下以继后世也"。因此新婚妇人"先嫁三月，祖庙未毁，教于公宫。祖庙既毁，教于宗室"。汉代有三月庙见之礼的记载，《汉书·昭帝纪》中云："明日，武帝崩。戊辰，太子即皇帝位，谒高庙。……四年春三月甲寅，立皇后上官氏。赦天下。词讼在后二年前，皆勿听治。夏六月，皇后见高庙。"除此之外，皇后和皇帝一样，要参加天地、宗庙、群神（如蚕神）、五时等祭祀活动。作为太后，祭祀时更会以主体身份进行。《后汉书·皇后纪》中记载了邓太后谒宗庙祭祀的情况："（永初）七年正月，初入太庙，斋七日，赐公卿百僚各有差。庚戌，谒宗庙，率命妇群妾相礼仪，与皇帝交献亲荐，成礼而还。"

而在普通家庭进行祭祀时，所需的一应物品皆由女性准备，但是身有恶疾的女性是没有权利准备祭品表达孝道的。《孔子家语·本命》中描述女子"七出"时提到"不顺父母者，谓其逆德也……恶疾者，谓其不可供粢盛（操办祭品）也"。由此看出即使身患恶疾，事出有因，但不能操办祭品进行祭祀的，仍视为不孝，因为祭祀祖先作为一种孝行能起到维护家庭甚至是促使家族团结和睦的作用。同时也可知，准备祭品也是表达女性孝道的一种方式。

女子还有上冢的权利，《汉书·朱买臣传》中提道："故妻与夫家俱上冢。"这也是表现孝道的方式。

第三节 传统女孝文化的社会影响

孝道文化植根于我们伟大民族文化的深厚土壤之中，深受中国人尊崇，尤其是女性。我国女孝文化的内容包括对父母的尊重和赡养、对后代的教养，还包括推恩及人、忠孝两全及缅怀先祖等。

从古至今，女孝文化的重要性不言而喻。相关的故事在历史的长河中被传唱，经久不衰。花木兰从军，不仅是因为她的勇猛，更是因为她深谙孝道文化，是弘扬女孝文化的典范。花木兰担心年迈的父亲与年幼的弟弟，不顾自己作为女儿身的尴尬处境和安危，毅然决定替父从军，将亲情视为瑰宝。花木兰的故事也因此千古流传。

而在当今社会，有些人对于亲情却毫不在意，他们对父母冷淡、对亲情淡漠。这种现象与孝文化的缺失不无关系。不管是古代人还是当代人，都应该注重孝，赡养父母，关心父母的身心健康，不可对父母恶语相向，更不能与父母大打出手。这些不仅是在报答父母的生养之恩，也是做人要遵守的道德底线。倘若人人都能做到这一点，将有利于建设和谐有爱的社会。孝与感恩来自我们民族精神的内核，是每个中华儿女都应具备的最基本的传统美德，没有孝道作为基础，就没有中华民族传统美德的坚固堡垒。

在孝道的基础上，有自身的政治道德来维系国家的发展，有社会公德来促进社会的进步，有职业道德来提升个人的业务素质，还有家庭美德来帮助每个人实现家庭梦想和人生价值。此外，孝道还能使个人品德建设得更加完善和成熟。因此，在现代社会中学习和发扬孝道文化具有积极作用。而学习和发扬孝道的前提是必须要对我国孝道文化有一个系统的、完整的、科学的、现代的诠释。只有正确地向现代人普及传统孝道文化，才有可能促进当下的国民教育。

一、古代历史长河中的女孝文化

周朝时，全民崇尚孝道文化。"乡饮酒礼"活动就是礼遇老人的重大活动，每年举行一次，是年轻人尽孝道、老年人享天伦的重大节日，旨在敬老尊贤。周朝的礼法中还有明确的规定，凡年龄在70岁以上的老人，就有与神一样的待遇，有食肉的资格。春秋战国时期，如果家中有70岁以上的老人，那么这个家庭就很幸运，其中一个儿子就可以享有免除赋役的福利；有80岁以上的老人，就可以免除两子的赋役；有90岁以上的老人，全家皆免赋役。这在当时是非常具有吸引力的一项规定。

孝道文化到清朝时就更加盛行了，帝王和百姓都很重视。比如具有代表性的千叟宴，就是一种大型的、举国上下都关注的尊老敬老的仪式。1722年正月初二，在举国欢庆与团聚的日子里，在等级森严的封建时代，康熙皇帝在乾清宫宴请了众多老者，他们都是65岁以上的来自民间的老人。宴席上，所有的老人都可以和皇帝一起享受盛宴，平起平坐。而那些皇子皇孙们则更是褪去了皇族身份，转变为平民，侍立一旁，侍奉老人。

为保障孝道文化的发展成果，历代皇帝采取了各种各样的措施，奖惩并举。在隋唐后的刑律中，我们就可以看到不孝是"十大恶"之一，与谋反罪一样严重，一旦触犯就会受到重罚。元律中还规定，杀父母者，不管是什么原因，都凌迟处死。明律中规定，如果子女不顺从父母，让自己的父母生气，父母可将其告官，轻者会被打板子，重者则会被判刑。

二、女孝文化对社会风气的影响

孝道是儒家思想对理想女性的要求之一。大力提倡女孝文化，就能引导女性向孝女、孝妇、贤母等儒家为女性所设定的理想标准靠拢。后世女性也可以此为标准，做好儒家为其设定的角色定位。刘向《列女传》写作的最初原因是汉成帝宠幸赵氏姐妹十余年而无子嗣，他认为这会动摇国之根本。刘向认为"王教由内及外，自近者始"，因此摘抄《诗》《书》中所记载的使国家振兴、家庭显达的贤妃与贞妃的事迹，以及因国君宠信嬖妃使国家灭亡的典故，编写成《列女传》，希望汉成帝阅览此书后引以为戒。范晔《后汉书》中体现孝道的女性，例如孝女曹娥、孝女叔先雄、汉中程文矩妻等大都受到官方的旌表，在一定范围内被人们所称颂。这些具有孝行的女性经过宣扬和旌表后会起到教化作用，从而劝导更多的女性去继承孝道。女孝文化的大力提倡可以给女性提供人生实践指导与示范，不仅对于女性自身的人生观、世界观、价值观及为人处世的原则产生重大影响，更会促进社会良好风气的形成。

女性行孝可以起到引导社会风俗、激励世风的作用。两汉时期通过对女性孝道的大力宣扬和褒奖，不仅对女性群体起着道德教化与行为导向作用，而且对整个世风皆有所影响，形成了重孝的社会风气，更促进了社会的稳定发展。到了东汉后期，以及三国两晋南北朝时期，孝行显著的女性在数量上比西汉时有了显著增加，而且行孝的方式也有所创新，这与两汉时期政府大力提倡孝道是分不开的。

三、女孝文化对家庭和谐的影响

　　孝道是家庭成员应遵循的基本美德。孝道在家庭成员之间起着润滑剂的作用，能促进家庭的和谐稳定。受礼教的影响，女儿和儿媳的活动范围大多是在家庭内部，面对的主要目标人群就是父母、舅姑、丈夫、叔妹。因此女性是否孝顺就成为一个家庭内部成员间能否和谐相处的主要原因。贾谊在其《新书》中提到秦朝的家庭女性"妇姑不相说，则反唇而睨。其慈子嗜利，而轻简父母也，念罪非有伦理也，其不同禽兽勤焉耳"。到了汉代，随着不断提倡孝道，刘安在《淮南子》中描述了汉代家庭"家老异饭而食，殊器而享，子妇跣而上堂，跪而斟羹，非不费也，然而不可省者，为其害义也"。这说明女性的孝道使家庭内部成员间的关系得到良性发展。

　　班固整理的《白虎通义》一书不仅作为解经之用，还为封建社会提供了一套伦理道德的指导性原则。该书认为女性的主要社会关系是媳妇和公婆的关系。"称夫之父母谓之舅姑何？尊如父而非父者，舅也；亲如母而非母者，姑也。故称夫之父母为舅姑也。"强调媳妇对待公婆要像对待父母一样，并解释了将丈夫的父母称为舅姑的原因。这也体现出婆媳之间的关系是单向的，婆婆居于主导地位，媳妇只能顺从甚至是曲从。史籍中的婆婆常以恶人的形象出现，如邓元义之母、焦仲卿之母，而媳妇则以孝妇的形象出现，如张礼修（赵嵩之妻）、姜诗妻等，证明了女性在缓和婆媳关系时所起的重要作用，从而促进了家庭关系的和谐。

　　就纵向而言，女孝文化保证了家庭内部的生儿育女、传宗接代，使得家庭能够延续香火，代代传承。就横向而言，女性在家孝顺父母，出嫁后孝顺公婆、相夫教子，还要维持好与叔妹的关系，维护家庭内部的和谐稳定，成为处理家庭内部关系的润滑剂。因此，女性行孝对于促进家庭的和谐稳定发展具有重要意义。

第三章

古代女子孝道教育的方法

第一节　榜样示范法

古代的男女身份地位悬殊，所以在教育方面往往分开实施。对女子进行孝道教育是古代女子教育的重要内容。为了对女子实施孝道教育，无论是贵族还是平民百姓都有一套适应各自环境、适合自身条件的教育方法，通过相应的方法更好地达成女孝教育的目的，对女子的德行加以培养。在培养古代女子德行方面，主要可归纳出这样几种教育方法：榜样示范法、因材施教法、寓教于生活的方法、循序渐进法、奖罚结合法、修身自律法等。本节先从榜样示范法开始讲解。

"身教重于言教"是一条古训，意思是说，要用切实行为来教育受教者。榜样示范正是遵循这条古训实施身教，以身示范，让受教者看得更明白，理解得更透彻，最重要的是受教者对所教授内容的信任度也会大大提高。在女子教育中，这样的做法有助于受教育的女子更快更好地学习身教内容，进而成为自身的一种品质。

身教，表明教育者作为一个榜样人物而存在，他对于受教育者来说有重要的意义。首先，榜样人物需要有极强的号召力，受教育者信服他，他的一言一行才能成为表率；其次，榜样人物的示范应该是典型的，具有代表性，能产生极大的感染力，这样受教育者在对榜样人物行为示范的学习模仿中可以抓住精要，一步到位；最后，榜样人物应该把言传与身教相结合，对受教育者的行为加以语言的提点以避免他们理解错误。

当然，榜样人物不一定是教育者本人，教育者时常需要引经据典，通过引用古来圣贤的事迹给今人作榜样，这样的示范教育更为普遍，而且收效显著。运用普遍是因为引用他人之事迹并通过材料树立虚拟之榜样不容易被人质疑，且不同人有不同之德，不同案例可讲不同方面，这也是为了把内容讲得全面具体。而引用古来圣贤的事迹进行女教之所以能够收效显著，这得益于被引用人物的社会认可度较高，比如曹大家（班昭）这样的女贤，既有德行又有才华，更是汉室宫廷女子的楷模，还被记入史册，后世女子闻其名都能知晓，都能认可和信服，这才使她成为后世人人争相效仿的楷模。这样的人物已经被时间铭刻，成为一个领域的经典形象，她们的模范地位比之于教习者或许更高，就如同自古以来的神明，虽然不可见却总是高于人的道理一样，即使地位最尊贵的皇室也要祭天祭神。不可见的榜样未必不是更有影响力的榜样。

以名人事迹为榜样的例子有很多，榜样示范法的使用在古籍中也有历史记载，比较有名的汉代女傅曹大家就曾使用过这样的教育方法教育自己的弟子。

诸女曰："若夫廉贞孝义，事姑敬夫，扬名则闻命矣！敢问妇从夫之令，可谓贤乎？"大家曰："是何言欤？是何言欤？昔者周宣王晚朝，姜后脱簪珥待罪于永巷，宣王为之夙兴。汉成帝命班婕妤同辇，婕妤辞曰：'妾闻三代明王皆有贤臣在侧，不闻与嬖女同乘。'成帝为之改容。楚庄王耽于游畋，樊女乃不食野味，庄王感焉，为之罢猎。由是观之，天子有诤臣，虽无道，不失其天下；诸侯有诤臣，虽无道，不失其国；大夫有诤臣，虽无道，不失其家；士有诤友，则不离于令名；父有诤子，则身不陷于不义；夫有诤妻，则身不入于非道。是以卫女矫齐桓公不听淫乐，齐姜遣晋文公而成霸业。故夫非道则谏之，从夫之令，又焉得为贤乎！《诗》云：'猷之未远，是用大谏。'"

这段故事出自《女孝经·谏诤章》，说的是诸位女子问曹大家怎样算贤良，曹大家引用了以下事迹：姜皇后因为宣王未按时上朝而脱掉首饰自到永巷狱中请罪，让周宣王痛改前非，按时上朝；汉成帝命令班婕妤与他同辇，班婕妤守礼推辞，令汉成帝深为感动；楚庄王沉湎于巡游打猎，樊姬则以不吃野味间接规劝，楚庄王受樊姬感化，停止了打猎。从中，曹大家得出了自己的看法：贤良之人敢于诤谏而非盲从。这样的观点就要求女子也要有自己的想法，对男人加以引导，帮助男人更好地成就事业。曹大家使用了多个古代贤明女子的事迹来表述"怎样才算贤良"这个问题，是榜样示范法的有力表现。

既然说榜样示范的教育方法运用十分普遍，那么就再引一段古籍来论证，也可完善对于榜样示范法这种教育方法的说明。

诸女曰："敢问妇人之德，无以加于智乎？"大家曰："人肖天地，负阴而抱阳，有聪明贤哲之性，习之无不利，而况于用心乎？昔楚庄王晏朝，樊女进曰：'何罢朝之晚也，得无倦乎？'王曰：'今与贤者言乐，不觉日之晚也。'樊女曰：'敢问贤者谁欤？'王曰：'虞丘子。'樊女掩口而笑。王怪问之。对曰：'虞丘子贤则贤矣，然未忠也。妾幸得充后宫，尚汤沐，执巾栉，备扫除，十有一年矣。妾乃进九女，今贤于妾者二人，与妾同列者七人。妾知妨妾之爱，夺妾之宠，然不敢以私蔽公，欲王多见博闻也。今虞丘子居相十年，所荐者非其子孙，则宗族昆弟，未尝闻进贤而退不肖，何谓贤哉？'王以告之，虞丘子不知所为，乃避舍露寝，使人迎孙叔敖而进之，遂立为相。夫以一言之智，诸侯不敢窥兵，终霸其国，樊女之力也。《诗》云：'得人者昌，失人者亡。'又曰：'辞之辑矣，人之恰矣。'"

这段故事出自《女孝经·贤明章》，以诸女与曹大家对话的方式提出女子具有智慧的重要性。接着，又讲述楚王夫人樊姬这一正面例子，恰到好处地说明了女子有德为上，而智慧也必不可少的主旨，赞颂了楚王夫人樊姬的"一言之智"有着巨大的力量，要求女子向樊姬学习，以具备可以规劝丈夫的哲思。在这段古籍材料中，樊姬是榜样人物，她用智慧引导丈夫作出正确的选择，从而帮助丈夫成就伟业，是古代女子之中帮夫助夫的典范，也是贤惠的代表。樊姬之举深得人心——得人心者昌盛繁荣，失人心者自取灭亡——这也是《诗》中对其发出的感慨。

榜样示范法除了从正面榜样人物入手以外，有时候也从反面人物着手，运用反面例子警示于人，给人以忠告，让世人引以为鉴。通常是引用一些恶妇、刁妇、懒妇的故事，通过对这些不孝之人的一言一行、一举一动加以描写，讲述一个反面教材。它和正面材料有个相同的地方，即在故事讲述完毕后一定会给予一个评价，贤妇给予好评，而反面例子中的人物则给予批评，如此态度鲜明的指导让学习者明白什么是提倡的，什么是不合时宜的、为人不齿的、应该避免的。这里也有一个讲懒妇的例子，听起来十分好笑，而古代女子为了避免成为他人的笑话，一定不会效仿这样的人。话说从前有一位妇人十分懒惰，平时在家的时候，什么事情都是丈夫在做，她则衣来伸手、饭来张口。有一次，丈夫需要出远门，5天以后才能够回来，丈夫担心妻子太懒会挨饿，就烙了一张大饼套在妇人脖子上，这个大饼够她吃5天的。5天后，丈夫回来，可妇人已经饿了3天，丈夫对此很惊讶，仔细一看，套在妻子脖子上的大饼她只是吃了嘴前的一块，其他地方都没有动过。原来这个妇人连吃都不愿意出力，的确是太懒了。相信任何一个人听到这样的懒人懒事都禁不住笑起来，如此懒惰，根本不可能生存下去，更别提"贤"这个字了。当学习者能够因反面教材而发笑或思考时，表明学习者已经进入学习的状态，而其方向往往由传授者指导："瞧，这个懒惰妇人的故事是多么可笑呀！这样懒惰的人是不会受到任何人欢迎的，她注定成为一个笑话，而我们千万不能学习她。我们要拒绝懒惰，做个勤学慎思的人。"这样的结语就把材料变成了教化的工具，最终把话题拉回到教育内容上来，这样的事例让说教更具有说服力和感染力。

由以上事例可知，榜样示范法在古代女子孝道教育中常使用，通过榜样示范法给予受教育者应有的引导，可以帮助受教育者获得更丰富的经验体会，对于孝道的理解也会更加全面和深刻。

在运用榜样示范法的过程中，应该遵循一定的逻辑顺序，使教育行为和教育方法发挥良好效用，更好地达到教育目的。儒家有经典论著《论语》留给后世，里面的大道理是针对所有人提出的，但主要是讲给男人听的，而女子身处相同的环境之中，也需要对之有所了解。在此情况之下，《女孝经》作为教育女子德行孝道的经典之作便出现在古代女子课堂上。从《女孝经》这本书的编写上可以看到典型的教育模式，其每一章的内容结构安排，讲述方法大致都是分三个层次进行，即提问、明理和警戒，这和如今课堂上最基本的教学模式有着异曲同工之处。首先是提出一个问题，这个问题可以是学生提问，也可以是教授者提问，如上面所讲，曹大家课堂上的提问就是她的众多女弟子们提出的，而如今课堂上，教师们用提问的方式作为授课的引言也是常有的事情。有了一个问题，大家聚在一起研讨，课堂的求知氛围很快就会建立起来。问题可以激发人们的思考，带给学习者更多主动思考的空间。其次是明理阶段，在各个学习者主动思考的空间里，教授者开始搭建内容的构架，为学习者理解道理作出指导，这可以启发她们的智能和思维，带给她们领悟，通过对事实道理的明晓来提升其思想境界和行为规范。最后是警戒阶段，类似于如今所说的测验，但仅仅止于防范出错阶段，想要看看教育成果如何。因为检测的不是能力方面的知识而是德行方面的修养，所以用纸笔检测不如让人用行为说话。警戒之中，给人们树立各种各样的规矩条款，这些规矩是用来约束人的，而人能够明辨这样的约束是否合理，对于合理的约束能够遵从，对于不合理之处能够巧妙指正，如此一来，就为女子孝道教育画上了一条真正的警戒线，也是检验她们受教育结果的试金石。教育过程是问道授业解惑的过程，一问一授一解，教育活动才算圆满。自古以来，教育方法层出不穷，而榜样示范法可以说是一种非常优秀的、经典的教育方法，如果配合合理的教育模式加以实施，相信可以让教育这项活动事半功倍。

结合上述内容，专门就榜样示范法的实施，提出以下注意要点。

一、正确选择榜样人物

写文章讲究文题相符，治病也讲究对症下药，如果榜样人物的选择不符合学习者的需要，榜样人物的教育功能就会大打折扣，所以要运用榜样示范法，首先要选对榜样人物。如果是以自身作为大家的榜样，把所要表达的内容演示出来效果最好，不过多数情况下都是借用他人的事迹进行榜样示范教育，这如同现代教育中的教师备课，需要找到准确的材料来说明事理，榜样人物就是教师手中、脑中的那份准确材料，需正确选择、准确把握，才能把道理说透彻、讲明白。

二、正反结合，对比说明

对比给人更为强烈的心理感受。教育过程中，除了举出榜样人物的事例以外，最好给出一个反面案例予以批评指正，这样可以突出榜样人物的光辉形象，加强受教育者对榜样人物的崇拜和认可，从而收获更好的教育成效。比如前文所讲的樊姬与懒妇就是一个鲜明的对比，什么人令人尊敬、什么人让人耻笑，教授者给予一个总结性评价即可让二者之差别清楚呈现。

三、树立榜样要与实际结合

　　书中所讲的榜样人物，大家对之敬爱有加，希望成为他们那样的人。基于这样的受教心理以及教育目的，可以搞评比活动，比如评选"月度榜样人物"，在实际生活中树立榜样，或设立操行评定，以一定的标准对习者的行为作出评定和规范。榜样人物可以走进学习者的生活，学习者就更有上进的动力：一是增进榜样这一概念的亲切感，拉近与学习者之间的距离；二是让学习者看到一种可能，就是自己可以通过努力成为理想中的样子。因此，可以与实际结合去树立榜样，把教育方法融入学习者的学习生活中，为大家确立一个理想的标准及前进的方向和动力。

　　女孝和女德自古以来都是女子教育的重点，通过对女子进行思想品德方面的教育，帮助她们发挥各种才能，为国家树立形象、为家庭营造氛围、为家人带来和美、为社会提供榜样示范，这是伦常能够按照常规运转的一种需要。女孝文化代代相传，历久弥新。阅读古籍，了解古代女子的孝道文化及孝道故事，我们依然可以从中体悟到孝女智慧、孝女之美，那些代代相传的孝女已然成为中华女性的楷模。

第二节　因材施教法

　　因材施教法是指教育者依据受教育者的身心特点，为受教育者量身定做相应的教育内容和实施策略的一种教育方法。因材施教，类似于哲学上说的具体问题具体分析，量体裁衣。量身施教也可以针对个体特征，专项击破个体存在的问题，让个体更快地获取知识，改正不良习惯。因材施教法自古以来就被用于教育之中，在不断发展的历史潮流中始终被运用和研究，说明这种教育方法的可行性和科学性是受到广泛而长久的认可的。

大家对于西方的教育理论了解不少，比如皮亚杰的认知发展阶段理论、埃里克森的心理社会发展理论、维果斯基的认知发展理论，这些理论的确具有科学的借鉴意义，但是人们过度关注外国教育理论的时候，似乎对于本国教育思想有所忽视。我国封建社会虽然有许多迷信的思想和统治者为了维护皇权而定下的不合理规定，但在教育方面、人际交往方面都有许多优秀之处，值得吸取。以教育行业来说，中华民族自春秋战国时期就有了正式的学府教育，孔子就是这一时期十分优秀的教育家，西方苏格拉底的"产婆式"教育法，与《论语》中孔子与其弟子们一问一答展开讨论的教育方法有着异曲同工之妙。孔子没有在教育方法上发表论述，但早就把一些好的教育方法运用于教学实践中。其中，因材施教法就是孔子经常使用的一种教育方法。

因材施教法的重点在于"区别"二字，有了差异，教师可以分析、对比摸透学生的条件、需求和不同之处，然后，不仅可以根据学生的自身条件进行施教，还可以联合施教，通过对比形成激励，让学生认识到各自的优点，并积极地学习对方的长处。

古代教育中也有运用因材施教法的案例，只是古代对于学生的区别对待，对于人员分类的依据比较不科学、不合理，不符合如今的教育思想。古代教育通常按照人的身份、等级、职位等作为区分受教育者的依据，男女都是如此。在女子教育方面，《女孝经》中就分别论述针对不同身份女子的孝道问题。比如，后妃是一国女性的表率，她们有着优越的物质条件和更高的社会责任，所以对她们的要求通常是能力和德行双方面的。

大家曰："关雎麟趾，后妃之德，忧在进贤，不淫其色，朝夕思念，至于忧勤。而德教加于百姓，刑于四海，盖后妃之孝也。"

这是曹大家对于后妃之德的教化之言，她认为后妃之德在于为皇上进贤分忧，将德行教化施于天下百姓。《诗经》中曾说："鼓钟于宫，声闻于外。"意思就是，后妃们在后宫中生活做事，她们的美德却可以传扬千里，教化一方百姓。这正是后妃之德作为天下女子表率的意思。

《女孝经》中针对夫人身份、邦君妻身份、庶人妻身份又各自提出了不同的符合其自身情况的孝道要求，教育的内容也有所不同。

"尊君能约，守位无私，审其勤劳，明其视听。诗书之府可以习之，礼乐之道可以行之。故无贤而明昌，是谓积殃；德小而位大，是谓婴害。岂不诫欤！静专动直，不失其仪，然后能和。其子孙保其宗庙，盖夫人之孝也。《易》曰：'闲邪！存其诚，德博而化。'"

这段文字出自《女孝经·夫人章》，它的意思是说，处于尊贵的地位却能够俭约，用无私来安守自己的地位，谨慎地对待自己的功劳，让所见所闻保持清明。诗书是道德教化的载体，可以去学习；礼乐之道，可以去践行。所以，没有贤德却享有盛名，是在积攒祸患；德行低下却处在高位，就会遭受灾害。怎能不警醒呢？静的时候专心一志，动的时候正直果敢，不失自己的威仪，这样才能够和睦、教导子孙，保全家族地位，这就是诸侯夫人的孝道。《易经》总结道："去除邪念保持诚敬，德行深厚方能教化天下。"

对于夫人的孝道，《女孝经》中认为应俭以养德、修身持家，不失威仪地守护家族地位。与后妃的进贤相比，夫人的孝道责任要求得更为保守，即帮助夫君守业，安守本分，就是诸侯夫人的孝。

引用的以上两段材料体现了古代女子孝道教育中因材施教法的运用。而《女孝经》中对于邦君妻子和庶人妻子的要求又不尽相同，总之正如人们各司其职一样，身份不同，则责任不同。

以上分类法很明显是对古代女子的一种等级划分，然而古代女子教育中也并不是只有这一种分类方法。比如《女论语》中，宋氏姐妹根据女子不同时期的社会角色对其进行分类，将她们分为人女、人妻、人母这样三个类别，其实也是一种等级划分，但是以个人人生阶段来分级，从人女到人妻就升了一级，从人妻到人母又提升一级。它与《女孝经》一样，对于不同类别的女子，也可以说是不同人生阶段的女子，提出不同的标准和要求来约束她们的行为，让她们在社会契约下履行孝道。不管是如何进行分类，总之体现出了古代女子教育中因材施教的教育方法。可见这一教学方法在我国早已运用。

关于我国古代因材施教的典故还有许多，孔子是我国古代因材施教法的提出者和传播者，孔子对于他的弟子也使用这一方法。

一次，孔子讲完了课回到书房，子路走上前来讨教："先生，如果我听到一种正确的主张，是否可以立即去做呢？"孔子的回答是："总要问一下父亲和兄长吧，怎能听到就去做呢？"子路走后，孔子的另一个学生冉由走进来，问了和子路一样的问题："我如果听到正确的主张，应该立即去做吗？"孔子的回答却不一样，他说："对，应该立即去实行。"冉由走了以后，公西华奇怪地问道："先生，他们向你提出一样的问题，为何你的回答却截然不同？"孔子笑着告诉了其中的道理："冉由性格谦逊，办事犹豫不决，所以我鼓励他临事果断。而子路逞强好胜，办事冲动，我就教他多听取意见，使他办事更周全。"

接下来针对因材施教法的实施展开叙述，如要有哪些准备、如何去实行、如何完善和修正等问题。

一、备课之前，先"备学生"

备课之前，先"备学生"。何为"备学生"呢？这里，要把"备学生"的"备"字理解为记忆和理解，即记住受教者的言行，理解受教者的行为，了解受教者的心理品质，这样才算做到了"备学生"，那么用教育之笔引导受教者发挥才智自然就能水到渠成。

理解受教者，需要明晰受教者的身份、背景、经历、学术水平等，但这些都还不是最重要的。因为教书先育人，立人先立德行，中国自古以来都是奉行着这样一种教育理念，德行是最重要的。如何了解受教者的品德呢？不是看他的文章写得怎样，而是依据其具体行为对其人格品质进行评判。所谓理解受教者，应不论受教者的种种条件而首先把所有受教者的本源——人，作为根本前提，用理解人的方法去理解受教者，通过他们的具体行为来了解个体的性格品质，从而知道他们的优点和缺点，以及做事的态度等。孔子正是知道子路和冉由的性格品质和做事态度，才使用因材施教的教育方法对二人的相同问题做出不同回答，孔子的教育方向虽然有所不同，但是其教育目的都是一样的，就是帮助他们成为更好的人，培养他们形成更好的处世态度。磨炼性子是一个漫长、反复且需要考验教育者教育思路、教育方法的事情，而因材施教法由于需要掌握太多受教者的个人内在信息，也是一项比较难以完整把握的教育方法，往往需要从细微事件中去观察，需要教育者用心去理解和体会。

当把受教者的内在品质和行为习惯摸透以后，教育者渊博的学识才可以有效发挥作用。往往学识越渊博的人，其思路也会更为开阔，从自有逻辑中寻找到的方法论也就会更多。但是，正如做选择题，有时候选项多不一定是好事，重点是从中选出正确的答案。选对实施方案，这就是因材施教的第二个关键步骤。

二、用具有说服力的行为，来应对受教者的个体特点

自古以来，尊师重道都是传统美德。教师的话具有较高说服力，人们对于教师普遍尊重，这是一种普遍意识下的状态。可是，仅仅凭一个职业身份难以威慑到受教者，更难以说服受教者理解各种各样的道理。运用逻辑，通过讲授的方式让受教者明白；设置关卡，让受教者在实际当中体会等，都是行之有效的方法。知行结合，能够让所教授的内容更形象立体，给人留下深刻印象。因材施教也可以联系知行结合等教育理念来共同实施，事实上，行为是认知最终必然到达的点端，这里的行为既是作为一种榜样来说服受教者，也是受教者告诉教育者自己已经受教的一份答卷。以具有说服力的行为应对受教者的个体特点，古人多看重客观条件因素，而今天的教育则多以内在思想品质来衡量和区分人，从而作为把握个体特点的依据。这其实各有利弊，古人的标准比较客观，简单直白，不容易出现争执，而今人的标准由于缺乏实证参考材料，有时候的决策难以让人信服。在说服力这一点上，古人的评断标准的优势则凸现出来。

有说服力的语言和行为都具有这样几种特质：第一，简洁明了不拖沓；第二，能体现逻辑性；第三，能精准地落到实处。用最少的时间且完整精确地传达内容，这是除教育熏陶外的多数知识在传达时的追求。比如《女

孝经》中所述各种身份的女子应尽之孝简明易解，简单几句即把各种身份的女子应该如何尽孝都讲清楚了，这是其表述精要的地方。

三、明确判断，需要果断的态度

备好学生，备好教育方案，然后就到了实施环节。在教育方法的应用过程中会遇到许多问题，其中很难控制的一种问题，即对受教者的管理。受教者是有思想的个体，他们会因为引导者的态度而对所见所闻有不同的感知。如果引导者不够坚定果敢，总是犹犹豫豫，那么最后的收效一定大打折扣。果断的态度可以体现教师对于所讲内容的信心，从而增强受教者的信心，但是盲目果断如同传销，只会把人带入更深的错误方向，所以这一环节是在前两个准备，即"备学生"和备方案都准确备好，确认无误后才开始的。当然这并不是一项任务内容，而应贯穿教育活动始终。

四、坚持最终目标的统一

针对不同特质的受教者，有时候需要给予不同的教育形式，这是一种教育的艺术，可是教育者对所有人一视同仁之处就是希望把每一个人都培养成才，并且根据时下的人才标准来拟定人才培养目标，所以受教育者无论走哪条道路，最终都是通向同一个目的地，这就是教育的最终目标。教育的最终目标往往是以官方的育人标准作为指导，人们的最终目标是统一的，这既可以使受教育者感受到公平，又体现出思想文化的统一性。

因材施教是一种区别对待的教育形式，然而区别与统一没有明显的界限，应该结合起来并灵活运用于教育活动中，这样才能让好的教育方法发挥出好的效用。区别即重视个体与个性，因材施教法对于教育者来说虽然比较困难和复杂，但可以顾及更多受教者的现实基础及各方面的情况，避免了教育中的以偏概全、忽略特殊个体等现象，有助于发展受教者的个性，从而可以更完美地实现教育目的。

第三节　寓教于生活的方法

寓教于生活的教育法，现在也称为"寓教于乐"。这是一种把宣传内容和思想教育内容渗透到娱乐生活中去的教育方法。如今的教师通过给受教者推荐电影、讲故事、听歌曲、欣赏美术作品等，开展宣传和思想教育活动。在古代的女子教育中，教育者也会给予受教者一些实践机会，甚至为她们安排实践作业，让她们可以在生活中观察和思考。

一、寓教于生活，让教育更有魅力

贺拉斯曾经说过："一首诗仅仅具有美是不够的，还必须有魅力。"贺拉斯品诗的道理和教育者解读自己的本职工作是一样的。具有魅力的教育，才能发挥艺术化的教化作用，让普通的知识传达变成一种美的交流。"教"不仅仅是对于社会道德的教育，更是一种对新奇事物的开发、对美的挖掘，文化在"教"的过程中得到了沿袭和发展。"教"的内容可以有很多，简朴与正义、秩序与法度、文明与界限等。这些都是如今教育行业中"教"的内容。而在中国古代女子教育这一领域，教育内容的范围更小，但受教育者对于教育内容的体验更为深刻，这些体验正是在生活中感受的。因为所教内容终究要付诸于实际生活，教育者索性先将生活带入学习的课堂，让受教者在生活中受教，在教育中生活，这就是寓教于生活。

寓教于生活能让教育更富有魅力，这是因为寓教于生活具有许多教育形式改善功能，了解其功能可以为人们解答为什么要使用寓教于生活的教育方法这一个问题。接下来细致讲述寓教于生活的具体功能。

（一）寓教于生活有助于加强记忆

前面讲到教育需要有魅力，需要艺术化的呈现形式，教育进入生活可以增强生活氛围的文化感，由此可见教育与生活关联性极大，且教育的艺术化呈现还离不开生活的表象素材所提供的生动例子。古代女子教育的内容和门类较少，所以有充裕的学习时间，但是，如果单单是去背诵《女孝经》《女论语》这样的德育经书，不仅枯燥，而且未必能够获得理想的教育效果。理想的教育效果应该是让受教育者深刻记住教育内容并且可以用自己的行动去实现它，背诵经书只是口头上的。女子进行实际操作的演习可以让其记忆更深刻、运用更自如，而且上课的时候会感到更加有趣，从而有助于情操培养和身心健康。

（二）寓教于生活可以增长技能

古代女子重视德孝教育，如果只是空口谈德孝，就没有什么教育效果可言了。虽然古代对于女子教育的要求不及现代女子一般多，可是仍然有许多实际性的工作是专门需要女子去做的，这是她们在接受德孝教育后要以高尚的德孝品质去实际操作的事务。《女孝经》中有言，女子有四德，分别是妇德、妇容、妇言、妇功。"妇德"要求她们学习规范的礼仪。礼仪的学习多是行为动作、神态表情等内容，这一类的教育适合以身示范，让受教者从对动作和表情的模仿开始训练，教育过程即是对生活的一种演习，而生活中又可以复习教育内容，让它逐渐成为一种习惯，那么礼仪的学习就进入了稳定的阶段。"妇容"要求女子注重自身容颜形象，"妇容"的实现需要女子了解诸如清洁、穿搭、美容方面的常识，但这并不是要女子浓妆艳抹打扮得十分艳丽，而是要女子保持整洁大方，力求美观。女子至少要学习束发技能和其他日常清洁方法，这样才能保持端庄得体的"妇容"。"妇言"要求女子言谈有方、举止有度、谨言慎行、不多言、不妄言，并了解一些言谈技巧，让自己的语言更为得体，能愉悦他人，甚至能给他人以启发。"妇功"则是专指技能方面，又叫女红，古代女子需要学习一些女子专学的技能。第一就是纺织，这是一种轻便慢磨的工作，女子身体柔弱，然而极富耐性，适合做纺织的工作，除了纺织布匹以外，还可以在丝绢上绣图案、用粗线织衣衫帽袜等，这些活儿都是有一定技能要求的，要达到出类拔萃更不是一件简单的事情。古代女子竞赛常常以女红作为评比项目，因为它具有很强的可评性，女子也通过这一劳动而提高了自身的社会地位，因为这是她们生存技能的一个重要方面。在女子教育中，通过对生活实物的观察，她们研习纺织和刺绣的水平愈益精进，因此女子教育的课堂并不仅仅在教育者身边，更多的是在女子自己的生活中。

（三）寓教于生活可以充实意象

在课堂教育中，教授者通常都是讲述一些比较抽象的概念。要让听的人对于概念能够理解，第一种方法是举例子，给予一个榜样示范的虚拟形象；第二种方法就是寓教于生活，让受教者在实际生活中观察、模仿、思考，从而获得一个个活生生的例子。常言道，亲身经历的永远是最难忘的，所以，到自身生活场景中去寻找和发现案例，带给受教者的认识会更难忘，而且生活中有着丰富的意象，给人真实立体的体验，人以此方法进行学习会感觉更为舒畅和放松。

（四）寓教于生活可以增强女子的学习兴趣

前面说到寓教于乐有着丰富的意象，给人舒畅与放松之感，试想这样的一种教育方法，其趣味程度肯定也会大大提高，而趣味则带动了受教者的学习热情，激发了受教者的学习兴趣，增强了受教者学习的主观能动性。古代女子除了四德教育及其相关技能以外，还有许多有趣味的学习内容，这些类似于如今的选修课，一般是家境条件较好的女子可以学习，比如茶道、花艺、琴乐、棋道、书画等。这些门类的学习都带有很强的娱乐生活气息，是为给人的生活带去艺术美的享受而展开的，教育与生活、生活与娱乐好像都被串联起来，而快乐的感觉能带给人积极向上的情绪，能够在枯燥辛苦的教育中营造快乐的氛围，不得不说这要归功于寓教于生活的教育方法。

二、古代女子教育往往寓教于生活

要了解古代女子教育如何寓教于生活，首先要了解古代女子的生活。古代女子从出生到出嫁往往足不出户，很少在外抛头露面。古代的女子和如今的女子未出嫁之前大体做着一样的事情，就是学习，只是学的内容不同罢了。所以学习就是女子生活中很重要的一部分，尤其是少女时期，女子需要通过受教育掌握一些基本技能，培养自身品行，以备将来出嫁后能够更好地履行三从四德、孝敬夫家。学习的内容有自我装扮和行为举止练习、读女子教育书籍、练习女红等，时间和物质充裕的情况下再学习一些别的内容，这就是古代未出嫁女子的生活，所以古代女子教育的寓教于生活还需要从这些方面入手。

（一）自我装扮和行为举止练习，是践行孝道的基石

妇容并不是古代女子最重要的评定标准，可古代女子大多数会在这方面花费较大功夫，这可正是应了那句话："爱美之心人皆有之。"还有人说："女为悦己者容。"女子到了出嫁的年龄就更注重容貌，一直到离开世界的那一天都是如此。自我装扮需要考虑多个方面，粗略地分类也应该有装扮美和举止美两个方面，一个是外在的，一个是内在的。对于妇容的要求，总结起来就一个"美"字而已。然而"美"不一定要浓妆艳抹，"美"不一定要倾国倾城，美不是一种形式也不是一种程度，而是一种态度，只要能够注重妇容的态度，给人不轻慢也不妖艳的感觉，纵使不出众也不靓丽，也能够给人平和的心灵感受，这才是女子美的标准。达到这一标准，行为举止得体是关键因素。举止美能够得到更多人的赞赏和认可，这是因为举止美是一种需要经过教育和自我训练，通过努力而获得的行为技能，在吸引他人眼球的同时，也让他人理解到这个女子的用心，而用心是古代女子在孝道方面所要表现出来的态度。

（二）读女子教育书籍，充实女子孝道内容

不要认为读书与"孝"无联系，因为书中自有孝道的内涵。书中的世界处处都是孝的缩影，所以把阅读书本变成一种乐趣、一种生活，这也是一种可能。我国关于女子孝道教育的经典著作有《列女传》《女孝经》《女论语》等，如果将这些书籍内容进行归类，可以以人物为分类依据，比如把有关樊姬的故事分为一类，简写在一支竹简上；可以以教育内容为分类依据，比如把规劝女子谨言慎行的言语分为一类，简写在一支竹简上；可以以时间朝代为分类依据，比如把唐朝的女孝名言和女孝故事简写在一支竹简上。这样的分类必须是在读者对于几部经典作品已经非常熟悉的情况下才可以进行的。这看似是一件繁杂的工作，但这却是让书本内容变得凝练，让书本形式变得多样的一种寓教于乐的学习方式。我们可以把这一过程看作是一场游戏，叫作"有趣的竹简"。当读者可以制作出这样的竹简时，她一定已经对这几部经典著作十分熟悉，看着竹简，那种成就感和趣味感都会给这位学习中的女子带来心灵上的喜悦。因此，不论是寓教于乐或寓教于生活，这乐趣除了去发现和寻找，还可以自己去创造，总之就是在玩中学习，让学习有些新花样。

（三）练习女红及其他技艺

练习女红及其他技艺，这是纯技艺方面的学习。不论是贫民家的女子学练织布养蚕，还是富贵家的女子学练琴棋书画，都是讲究身心合一，需要心灵手巧、手脑并用。如今看来，织布养蚕或是琴棋书画似乎都是直接的娱乐活动，可是在古代，女子们并不是用来娱乐的，她们对自己在这些方面提出了一定的要求，要反复练习，像学习语文、数学一样重要，有的甚至以此为业，日夜都在为之辛劳。

有人说，技能练习是重复地去做同样的工作。其实，练习和重复有着很大的差别。练习不是重复，是一次比一次好。在技能练习中，要真正做到一次比一次好，要想不断进步，就必须对所练习的技能产生兴趣，从而在练习中主动用心、用脑去关注它、研究它。比如刺绣，原本只有一种绣法，正是有了那些对刺绣感兴趣的人不断发明新的刺绣方法，才有了各式各样的绣法，形成不同的刺绣派别。如何在技能练习的过程中运用寓教于生活的教育方法呢？由于练习是靠个人默默地不断实践尝试来完成的，所以教育者发挥作用的时候较少，更多的应该是依靠女子的主观能动性，她们可以留下些值得纪念的相关物件当作鼓励自己的凭据，这样可以让自己的态度更严谨，学习的动力更强。

无论是刺绣养蚕，还是琴棋书画，都与古人的生活息息相关，可以把自己的产出和作品分享给他人，一是得到品评，反躬自省，培养慎思进取的态度；二是如果用作交换或交易，还可以为自己带来实际价值。这样一来，勤加练习的动力就又多加了一分。

技艺对古代平民家庭的女子来说，是生产劳动的前提。生产劳动时，女子们会唱起劳动歌谣，有时候几个女子一起劳作，有说有笑，这样的画面让人想来正是一种生活，而不仅仅是乏味的练习。那些练习琴棋书画的女子们，她们除了闭门练习，还可以选择寻找合奏的琴友，下棋更是必须得有棋友，因此又与社交相关。书法绘画也可以与人合作，比如一个勾线一个上色等，在学习中融入与人交往交流的环节，让紧张学习的画面变成了一幅幅有趣的古代女子生活图景。

古代女子寓教于生活可以是由教育者引导的，也可以是她们自发去做的，毕竟追求快乐和放松是人的本能。寓教于生活的方式可以是实地观察与模仿中学习、创造性提炼教育内容、合作学习、共同劳作或开展话题交流等。

不得不说，练习女红及其他技艺，也是强化女子自身技艺，使之有很强的生活能力，以便更好地为父母、为公婆尽孝。

三、寓教于生活的教育方法的发展

寓教于生活的教育方法从古代延续至今已经有上千年的历史，教育与生活本就有着很强的联系，而教育者和教育研究者在此基础上不断研究，不断发现，已经寻获了教育与生活之间越来越多的联系。二者从形式的关联到意境和情感氛围的互通，表明教育正在追求一种高娱乐享受又高学习效率的教育模式或学习模式。许多人说学习是辛苦的，高娱乐享受又高学习效率的教育模式或学习模式是一种超理想状态，人们只能不断地向这个方向摸索前进。总体来说，要想兼顾娱乐和教育两方面，兴趣是最为关键的因素，兴趣影响关注力，关注力影响效率，效率是量与质的综合指标。从提高学生的学习兴趣出发，研究寓教于乐、寓教于生活的教育方式是当今教育还在不断进行的事情。举个典型的例子，现在提倡生态教育、自然教育，呼吁全人类与自然友好相处。呼应国家建立环境友好型社会的要求，又结合生态农业的兴起与发展，生态教育这一新的教育模式在中国发展起来，这种教育充分地考虑了学习和娱乐两个因素，其教育的群体大多是幼儿。生态教育意在教导幼儿认识自然、热爱自然、亲近自然、保护自然、与自然和谐共处，基于一个统一目标下的生态教育使用游乐园场地，让幼儿在安全的环境中通过游戏的方式亲身感受自然事物的无穷魅力，可以说是一种把寓教于乐、寓教于生活体验做到了极致的教育模式。此模式十分符合幼儿需要在游戏中受教的天性，如果开发得好，一定可以成为广受欢迎的教育模式，带给受教育者一份美好的回忆，也给教育者的工作带来乐趣。生态教育比之古代的寓教于乐，是一种超越式的教学模式，但是这种模式之所以能达成教育目的，是因为受教者年龄小，所学内容浅而少，可以有时间和空间进行更多的娱乐活动。如果把生态教育的娱乐放松运用在即将面对高考，抱着一大堆复习资料的高中生身上，是不可行的。古代女子所学内容并不多，因此教育者也可以给予她们一些娱乐放松的机会，比如把放风筝、种花等活动偶尔穿插在课业活动中，让受教者在学习之余有一个开心游戏的机会。古代女子教育重视德孝教育，这一点和今日的义务教育是一样的，而不论是古代女子教育还是今日的义务教育，都可以让教育成为一件更为人性化、艺术化的活动。

寓教于生活给古代女子教育带来丰富的乐趣，让她们对家庭的孝道落到了实处。寓教于生活这种教育方法发展至今，越来越受到人们的欢迎。该教育方法不仅在教育中加入娱乐，也在娱乐中加入教育，娱乐和文化的相融让人们潜移默化地受到熏陶，让人们生活的环境中有了更为浓厚的学习氛围和文化幸福感。此外，寓教于生活还能在学到技能的同时，更为深刻地理解孝的内涵，对女子更好地践行家庭孝道起到一定的促进作用。

总体来说，寓教于生活让女子把孝与德、勤与能都施展出来，是女子更好地展现自己思想品德，表现自己行为能力的一种教育方法。同时这种教育方法也在开辟更多道路。

第四节　循序渐进法

循序渐进法，是指教育者依据女子在不同时期的发展特点和要求而对她们进行教育的方法。这种教育方法在《女论语》《女孝经》中都有具体的体现。《女孝经·胎教章》讲述的是妇人怀孕时的胎教对孩子一生的相貌和才德有着重要影响，并详细叙述了女子怀孕期间的坐卧和言行举止应该如何。"胎教章"没有讲述一个循序渐进的过程，但阐明了一个开端，这个开端是一个生命的开端，对于学习没有比这个阶段更早的了。学习讲究循序渐进，其依据是将人的生命分为不同的年龄阶段，逐段而行。对人的一生进行阶段划分，可将其分为 8 个阶段：哺乳期、婴儿期、幼儿期、童年期、少年期、青年期、成年期、老年期。人无论是学习还是生活都是逐段晋级，而就此划分方法提出了相应的教育理论，即要根据个体的年龄阶段以及人群特点选择适宜的教学方法。同样地，在古代女子教育中，循序渐进也是遵循着这样的原则。可是，如何对古代女子的年龄阶段进行一个合理的划分呢？每一个阶段又需要给她们安排什么教育内容，制定何种教育方法呢？这些将是本节主要讨论的内容。

一、古代女子的年龄阶段划分

古代女子的一生大致可以划分为 4 个阶段，即未及笄阶段、成年未婚阶段、结婚后阶段、生子后阶段。在古籍中有将女子一生分为为人女、为人妻、为人母这样几个阶段，这也是一种划分方法。古代女子的年龄划分是根据她们的自身身份及特性变化而作出的区别，这样的区别有助于外人更好地认识她们，也有助于她们更好地认识自己，了解自身所处阶段所要承担的责任与义务。

二、古代各阶段女子适用的教育内容

为人女阶段的古代女子分为成年和未成年两种，她们各自有着相应的学习内容。未成年的女子以学习品德孝道和女儿家技能为主，其所学技能类别在前面已经讲到，比较普遍的就是纺织刺绣和务农养蚕，女子可以承担较为轻便的工作，为家中减轻经济负担。此外，经济条件较好的人家，女子还可学习琴棋书画等，以增强自身修养。为人女阶段的女子到了 15 岁就是及笄的年纪，"及笄"相当于如今的成年，女子成年而未婚，父母如果还没有给她们找到合适的婆家，那就要开始忙这个事情了，对于女子的教育也会转移到这个事情上来，即让女子学习侍奉丈夫和公婆的知识，为将来做好准备。

为人妻阶段是一个女人离开一个家庭进入另一个家庭生活的阶段，在这个阶段的女子所面临的挑战和压力是最大的，需要受到夫家的认可，包括丈夫和公婆及其家人的认可，才可以在一个新家庭里生活美满。《女孝经》中说："妾闻天地之性，贵刚柔焉；夫妇之道，重礼义焉。"女子不仅要学习阴柔之道，还要学习男子也学习的"仁义礼智信"，这是中国古代最推崇的传统美德，不论是男子还是女子，都需要遵守。这些德与道，其本质都是孝，孝能感天动地，可以贯通精气元神。一个女子为人妻后，需要对自己的父母尽孝、对公婆尽孝、对丈夫及家中男子尽自己应尽之道。这一切都存在礼法，要谨慎不偏失。然而，实践起来未必容易，做到完美就更难了，可这一步恰恰很关键。这一时期的女子要发挥过去之所学，在实际生活中践行所学内容，为自己漫长的后半生打下基础，开始适应角色的转变，不断学习新的东西。

为人妻要学习的新事物有哪些？

第一，学会适应新环境。要学习包括个人生活方方面面的内容，也许该做什么不该做什么都已经知道了，然而适应是一个需要行动来长久配合、逐渐养成习惯的事情。适应新环境，就如同入乡随俗，有的人可以轻轻松松做到，有的人会遇到困难，被人际关系问题打倒是常见的情况。

第二，要培养自身处理人际关系的能力。如何与公婆相处，如何与丈夫相处，如何与叔姑相处，这些都要现学现卖，所以初为人妻的压力和挑战可想而知。

第三，要学习持家之道。身为妻子，将来往往要接掌家务，所以应该对家中大大小小的人事物都心里有数。除此之外，应培养自身的管理才能，对家庭经济进行管理，对人员进行管理，对自我进行管理，这一阶段的女子如果不懂得管理自身，没有学会打理生活，会造成很大的隐患。

第四，要学习各种礼仪。未婚时即使需要参加礼仪活动，都有父母长辈出面，女子身为女儿，是处于被安排的地位，这样对于礼仪的了解和运用都是有限的。可是身为人妻后，这些礼仪都需要完全由自己去付诸实践，没有家长在旁为自己把关，只有清楚明白，认真对待，才能防止疏忽，贻笑大方。

第五，要为将来生养孩子做准备。这方面的学习内容需要慢慢积累。"不孝有三，无后为大"，这个阶段的女子有一项重要的职责就是怀孕生子，重视后代是中国封建家庭一直以来都有的现象，女子为人妻后为人母，这也是顺理成章的事情。

接下来，就进入为人母阶段，这一阶段又可分为两个小阶段，一是婴儿还没有脱离母体，即女子怀孕阶段；二是婴儿脱离了母体，女子正式成为母亲的阶段。怀孕期间的女子自古以来都是特别金贵的，不过也根据具体情况而定，有不少女子在初怀孕时还是要劳作的。怀孕时，女子需要知道孕妇的饮食禁忌，有一个健康的生活，这样才有更大可能生出健康的孩子。对于孕期养护的相关知识，家中有经验的长者会主动传授，这是孕期女子主要学习的内容。除了生理健康外，女子还应注重胎教，对于后代的培养不仅仅在于身，更在于心，这一道理古时候的人就已经十分认可了。《女孝经·胎教章》中，曹大家说人们接受仁义礼智信的五常教育，生来就有习性，受善影响就善，受恶影响就恶。虽然是母腹中的胎儿，难道没有教育吗？古代的女子身怀六甲时，睡觉不随便侧身，坐姿端正，站立正直，不吃味道不正的食物，不走旁门左道。不吃用不人道的方式宰杀的动物，不坐摆放不正的座位，眼睛不看邪恶的事物，耳朵不听靡乱的乐音，嘴里不说傲慢的话，手里不拿邪僻的器具；夜晚诵读经典，早晨习讲礼乐。这样生出来的孩子，相貌端庄严正，才学德行过人，这是胎教的结果。这段文字较为详细地记载了古代女子怀孕后进行胎教的方法。除了关注身体健康，注重饮食和行为举止外，还有一些思想上的忌讳，比如不吃用不人道的方式宰杀的动物等，这样做不仅是为了能够保证胎儿健康，还能够积善积德。而夜诵经典、早习礼乐则是为了帮助启发胎儿的天赋和能力。胎教要做得完善，顾全周到，女子从怀孕到产后两月整整一年的时间，胎教可以说是她们最重要的功课了。

　　孩子出生，女子终于进入为人母的人生阶段，女性成长到这一阶段才臻于圆满。可是为人母的女子又有新的功课。一个母亲首先要学会如何养孩子，除了衣食住行，心理、情绪、性格、行为、态度、思想观念等样样都是身为母亲要关心的事情，这些在怀孕的时候就开始做功课，孩子出生后还需不断学习、与同龄母亲讨论，这都是女子身为人母的课业及活动。母亲对于孩子来说是十分重要的人，母子或母女之间相处的情况会直接影响到孩子的性格、气质及品行，所以，学习与孩子的沟通相处之道也是为人母要做的。与孩子沟通不同于与家中成人群体的沟通，慈爱的母亲要懂得用美好的鼓励来增强孩子对世界的喜爱。

　　从为人女到为人母，女子一生都在不断成长。从古代女子各阶段的教育内容上来看，她们的学习正是循序渐进的。一个阶段有一个阶段的学习任务，人往往只有到了那个时期，学习起来才更能得心应手，所以不需要超越本阶段去学习，踏实学好当下的内容，就是最好的状态。

三、古代各阶段适用女子的教育方法

以为人女、为人妻、为人母三个阶段来看，古代对女子有着不同的教育内容，而教育方法上亦是各有不同。

第一阶段，为人女的时候，女子是被监护的身份，没有独立自主的能力，一切听凭父母的安排。父母一般是为她们请家教老师或送她们进入女子学堂进行专门的学业学习，以增长智慧和本领。所以，为人女的女子适用的教育方法是专业的课堂讲授，这一阶段输入她们脑子里的内容是最多的，而她们对于未知世界的遐想也是最多的，可以结合阶段性特征来开发她们的修养情操，让她们以更好的自身条件进入夫家生活。在专业的课堂讲授中，教育者可以使用多种教育方法对其进行引导，可以说，这一阶段她们所接触的教育方法也是最多的，之后她们在接受教育的过程中，有很长时间需要自己去琢磨和完成，所以在为人女阶段，她们要把教育者的教育方法转换为自身的学习方法，以利用在今后的自学自研中。其中常用的教育方法有归纳总结学习法、分段学习法、情境结合学习法、联想学习法、实践学习法等。

第二阶段，为人妻时所受的教育大多来自家中长辈和自己的阅历积累。女子在这一阶段脱离了正式的学堂教育，但可以继续借鉴教育者的教学方法来学习新的内容，加之有长辈指引，充分调动自己的各种技能，就可以以半自学的状态处理好各种状况，在这样的情形中边做边学。

第三阶段，为人母阶段的女子既是学习者也是教育者。这样双重身份下的女子，适用于辩证的教育方法，在实践中发现问题，想办法解决问题并应用于实践中，在这个过程中获得知识，达到受教、学习的目的。

教育的内容是循序渐进的，分为不同阶段，教育的适用方法也是分阶段的，总体上都是第一阶段为后两个阶段打下内容和方法上的基础，而后逐渐走上与生活结合起来并应用到实际中的道路。

四、循序渐进有一个漫长的历程

当今世界,最被提倡的教育理念是终身教育,可见教育是一辈子的事情。一辈子让人感到漫长,教育之路也正是如此漫长。在这么长的时间跨度里,循序渐进的教育方法一步步体现出来。就以如今的学制来说,小学上完上初中,初中上完上高中,高中上完上大学,这体现着教育的阶段性,一步一步学习的知识与能力如同盖起的坚固宝塔,难以被动摇,这也正是循序渐进的教育方法最大的好处,可以为认知打下坚实的基础,知识体系不容易崩塌,越往后学,越轻松,越感到受益无穷。

再观古代女子的教育,也是分阶段的,虽然她们没有听说过"终身教育"这个词,但是教育活动及教育内容贯穿她们的一生,无论是受教育者还是教育者,女子作为家庭成员中的重要一员发挥着作用,为男子提供帮助。

当今女子受教育是为社会做出贡献,古代女子受教育是为了料理生活,无论是追求理想还是追求生活,人一生都在接受教育。在这个漫长的历程中,人在不断地进步,所以有的人说年老智高,是有一定道理的。只要头脑还没有昏聩,认知就会不断积累,懂得的东西就会越来越多。

五、循序渐进法为女子的学习打下了坚实基础

循序渐进的教育方法,其教育的内容不是随意安排的。一般来说,比较基础性的内容多而杂,广而浅,学的人容易记忆和理解,但这个阶段的学习需要很长时间。九年义务教育就是这个阶段,打好基础,再求进取,这就是"学习宝塔"的基层,地基打好了,上面才会稳。稳是循序渐进法的一个特征,教育的内容逐渐走向专业化、局域化,因为人各司其职,有了固定身份,所以教育的内容范围就确定了下来,大家开始以生活为中心专攻需要学习的内容。当一个人回忆自己一生学习的经历,往往就是一座塔的形状,对于所学内容,不断精缩,领悟层次也如同其空间位置,越来越高。所以,教育的循序渐进为女子的学习打下了坚实基础。

在中国古代女子的教育实践中,这种层层叠高的教育方法与她们保守而端庄的气质、品质相符,这是培养德孝女子的教育方法中一个有力的典范,尤其适合基础教育阶段。

第五节　奖罚结合法

奖罚结合法，是把奖励和惩罚结合起来运用的方法。奖罚结合法在如今是一种很有效的教育管理方法，多使用于班规班纪的处理问题上，有树法度、正纲纪、明是非的功用。

奖罚结合法在此是指通过奖励被教育者符合孝道要求的教育行为和惩罚她们违反孝道教育规定的行为的一种手段。奖赏可以激发她们的荣耀感，从而使她们正确的孝道行为得以强化；惩罚可以增强她们的羞耻感，从而使她们不符合孝道规定的行为得以纠正。这样的教育方法用两种截然相反的应对措施给学习者指引了方向。

古代对女子进行孝道教育主要以正面奖励为主。《女孝经》中多处运用正面奖励教育的方法进行论述，《女孝经·母仪章》中提出，为人母对子女教育要做到"和之以恩爱，示之以严毅"。有许多朝代的统治者大力倡导孝道，表彰恪守孝道的女子，比如发诏令、赐封号等。在《女论语》这部关于孝道的经典书籍中，在对女子进行孝道教育时，有时会正反论述相结合，即采用奖罚相结合的方法。

在《女论语》全书中，每一章内容都包括三个层次：第一，开门见山地提出正面要求，向受教育者直接讲述该做什么、怎么做；第二，明确提出禁止的行为，告诫不该做什么；第三，论述违背行为规范的不良后果及其惩罚措施。这三个层次层层递进地表现了其惩罚机制的实施措施，相当于是给女子提出的戒律，如果犯戒律就要受到相应惩罚。

一、奖罚的目的

奖罚是教育者对受教育女子的一种态度，这种态度用很功利很明确的形式表现出来，让受教育的女子能够有所追求、有所忌惮。奖励是一种激励的方式，女子学习情况良好、表现优异，就给予她们一定的奖励以激励她们更加上进，获得更好的学习成绩，所以奖赏的主要目的是为了激励学习者。与奖赏相反的是惩罚，惩罚则是对于学习情况不理想、行为表现有逾矩的女子施用的一种惩戒，惩罚是为了让女子能够对规矩和学业有所重视、有所忌惮，对待功课和学习不随意。惩罚可以给教育树立威严感，但是过多的惩罚不利于学生的身心健康成长，所以只要达到惩罚的目的，让受罚者得到教训，有所悔改即可。

奖罚的目的很明确，有了目的之后，该教学方法的运用就有了一定的方向，教学活动总是朝着这个既定的目标前进，在实施奖罚结合法的过程中，不能偏离初衷，也不能过度，这是在教育中实施激励机制和惩罚机制的一个前提条件。

二、奖罚的对象

奖罚的对象是受教者，这里专指古代女子学堂里的女学生。女学生普遍有身体娇弱、心思细腻、富有语言天赋和艺术情怀、承受能力较差等特点，但古代对于女子的要求又是庄重细致、温文尔雅。结合以上两方面，对于古代女子这一奖罚对象，应给予适度的奖罚，让奖罚深入人心，才能让这种方式发挥更好的功用，更快更好地实现教学目标。针对古代女子矜持自守的特点，不要给予过分明显让他人看得见的惩罚，可采用较为磨炼人耐心的惩罚方式，毕竟女子劳作通常是需要很大耐性的，比如纺织、刺绣等。这样不同的惩罚方式既满足了受教者的客观需要（男子的健康体魄，女子的耐性），又从形式上给予了他们惩罚。要注意的是，惩罚可满足学生的需要，但绝对不能是他们心中想要的，想要的应该是奖励，如果受教者个个想要这种惩罚，那么结果可想而知。

三、奖罚的内容

如今学校也在实行奖罚机制，但奖罚的内容最好不是物质方面的，不过也有以物质作为奖励的时候。现在的学校采用物质奖励的，通常是文具用品或运动用品等。惩罚方面，学生没有经济基础，一般不对其提出物质上的惩罚要求，通常是罚抄写、罚站、罚跑步等惩罚。奖罚的内容在古代女子教育中又是怎样的呢？根据我们对于古代女子教育、教育对象、奖惩结合法的了解，可以知道一些奖罚的内容。

古代女子教育对女子提出的要求是非常严格的，严格到从站姿、坐姿、行姿、仪容等外在方面，到琴棋书画、品德孝顺等内在方面，无不包括在教育范围之内，奖罚反而给予了这样沉抑的环境一种活跃的气氛，因为大家的好胜心被激发了，羞耻心也被激发了，内心情感的高低起伏让女子能慎重地对待教学活动中的种种行为。

奖罚的内容可以推陈出新，也可以征求女子的意见拟定，共同拟定奖罚内容。其有一个好处，就是可以让大家更信服相关规定。此外，对于奖罚项目和相应处理措施，需要给予明文规定。

没有规矩不成方圆，制定严格的奖惩制度可以让受教者的言行得到有序约束。一切都有尺度把握，集体就不会乱。制度的制定应该包括女子在学堂中的方方面面，比如生活上对整洁的仪容提出要求。制度要具体，对于仪容的要求从发饰到衣着，从面部到手脚指甲，都要分别提出明确要求，并把相应的奖罚方式写在情形描述的后面，奖罚方式要写得具体，比如罚站，罚站多久；罚跑，怎么跑，跑多远，只有明确的制度才能钻不了空子，找不了借口狡辩或质疑。

四、奖罚的原则

奖罚需要有一定的依据和原则，这样奖罚的意义才能彰显，奖罚才显得严肃而正式。奖罚有理有据，才可以保证其效用。

奖励是对于女子的一些好的行为进行奖赏和鼓励，令其保持某种行为，发扬某种精神。奖励可分为物质奖励和精神奖励两种，当然有时候可以两种奖励方式一起使用，让物质奖励满足人的生理需要，精神奖励满足人的内在（精神）需要。

（一）发挥奖励的最大作用

奖励有着激励的意义，然而如何让其功能发挥得更强大，这需要在实施奖励时遵循一定的原则，把握好以下几个方面。

第一，注重精神奖励，减少物质奖励。对于获得奖励的人，应采用符合她们心理的奖励方式。比如，给予一次活动的机会，或给予一个具有一定价值的物件等，这些都是古代可以采用的奖励方式。

第二，奖励时要创造良好的奖励氛围。一个班级有班风，班级的风气即是班级的风骨和气氛，这对班级中受教者的情绪和状态有重要影响。当颁发奖励的时候，奖励氛围很重要，奖品不仅是商品，它除了是一个精美的物品以外，更代表着一份荣誉，要让受教者感受到得奖者所受到的尊重，要让受奖励的受教者感受到这份荣誉。创建良好的奖励氛围可以让这种荣誉感为人所见、为人所感，激发受教者的进取之心。

第三，给予奖励要及时。当一个人有了应该得到奖励的行为，老师一旦知道就应该立即按照规定给予相应奖励，不应该拖延，拖延奖励会极大地消磨受奖励人想要表现的积极性，而且晚点给予奖励和没有给予奖励都是属于失信的行为。不及时给予奖励，教师的威严和信用也会大打折扣。

第四，奖励应考虑受奖励者的需求。虽然奖励是原本就定好的，但能满足受奖励者需要的奖励可以一举两得，更切合实际。教师可以事先告诉大家，如果想要更换奖品的可以提前申请，再根据奖品的具体情况确定是否为其更换奖品。

（二）运用好惩罚的原则

惩罚是为了让人从中吸取教训，消除某种消极行为。惩罚的方法有多种，在学堂里，主要有写检讨或给予处分等。当然，教师可以根据规则制定一些小惩罚，比如罚站、罚抄写等，这些都无害于学习者的身心健康，又可以给予相应警示。所以，教师在实施惩罚时，要把握好以下几项原则。

第一，惩罚应该结合教育这一主体活动进行。惩罚的目的是为了让人知错能改，弃旧图新。惩罚有许多种，不同环境中有不同的惩罚方式：社会有法律条文中的惩罚方式，机关单位有规章制度中的惩罚方式，学校中的惩罚方式则是与教育结合的惩罚方式。学校的惩罚方式是充分考虑受罚主体是未成年女子这一基本前提的，给予惩罚的时候不能不考虑到这一点。

第二，惩罚应一视同仁，公正无私。法律中也有惩罚，法律讲究的就是平等公正，教育中也应遵循一样的原则——一视同仁，公正无私。这要求教育者平等看待学堂中所有受教育的女子，当然，这在古代封建等级社会未必能够较好地实现，这是一条基于我们现代人思想基础之上的原则，但也是惩罚更有信服力的必要原则之一。

第三，惩罚时机适当，程度把握得当。一切都需要把握好一个尺度，不能罚得太过，也不能完全不考虑受罚者的处境和各方面的因素而草率地惩罚一个人，而且惩罚的程度要考虑其承受能力和犯规问题的严重性，不宜过重。

奖励和惩罚是相对的，两者应该分明，不能混淆，不宜相抵，这和功过分明的道理是一样的，只有这样才能确立一个严明的法度，以帮助受教育的女子明辨是非。

五、奖罚教育应灵活运用

可让学习者主动提出更换所需要的奖励或奖品，这样能使奖罚教育具备灵活性与可操作性。奖与罚，只是促进学习者学习的一种方法手段，遵循一定的灵活性，可使实施的奖罚教育更具积极意义。

奖励的方式可以有很多种。比如，请受教者展示自己的才艺，使之受到更多瞩目。也可采取其他类型的奖励形式，使受教者的奖罚教育更具可行性。

惩罚相对于奖励来说，采用的方法不同，呈现的结果也是不同的。正因如此，在惩罚的运用中，应严肃、冷静，以便最大限度地彰显惩罚的核心要义。

奖罚结合的教育方法赋予了教育更为严肃的规则，为学习者的教育体验增添了许多苦乐感受，因为奖励给人以愉悦，惩罚给人以愁闷，带给人的是情感上的触动。运用奖惩两种方法，使学习者明确自己的学习目标，也有利于实现学习者接受孝道教育的目的。

第六节　修身自律法

"修身"是通过陶冶情操以培养自身的道德品质，提高自身的道德修养。"自律"的意思是通过自身不断内省、反省的方式，来提高自身的道德修养。修身帮助人成为一个更好的个体，自律帮助人反思自己，通过自我反省提高修养，更好地融入社会环境中。修身自律从个体出发，要求人对自己的品德与修养有所要求并不断完善自我，以达到与世界更好地相融、更好地沟通的目的。

修身自律法是受教育主体认同并信仰社会要求的孝道教育规范，它是在人们的实践过程中自觉地进行自我约束、自我调控的主体性教育方法。针对不同的修养内容，可采用不同的教育方式进行。

首先是立身之法。《女论语》以"立身章"作为开篇，统领全书，指出女子进行孝道教育的基础是把立身作为第一位。书中的原话是："凡为女子，先学立身，立身之法，惟务清贞。清则身洁，贞则身荣。行莫回头，语莫掀唇。坐莫动膝，立莫摇裙。"作者指出了女子修身自律的方法和内容。其方法是"惟务清贞"，要想达到"惟务清贞"，就应该做到走路不回头、说话不露齿、坐不能动膝、站不能摇裙。行回头、语掀唇、坐动膝、立摆裙在礼教中被称为"贱相"，女子是绝对不可以学习的。如今的女子高兴的时候就开怀大笑，生气的时候就河东狮吼，这要是放在古代可不行，会被认为是轻慢。古人要求女子喜时不能大笑，怒时不能高声，喜时大笑、怒时高声在礼教中被称为"轻相"，女子应当谨慎，不能犯下这些忌讳。封建礼教在封建社会极受推崇，所以封建社会的女子对于修身之道务必遵从，绝对不能露出"贱相"或"轻相"让人瞧不起，这样不仅自己的名誉会受损，连家人都会觉得脸上无光。

其次是持家之法。古时候，家庭男女成员各有分工，通常是男主外、女主内，那么女子持家修身就主要在内务方面，庄重、勤俭、整洁，这些都是作为妻子才可以行使的女性权利，也是她们的义务。女子学习持家之法，需先学处理家庭中的人际关系，包括与公婆、叔姑、妯娌等的关系。女子把家中大小人事物都放在心上，家中打理好了，环境和谐温馨，男子才可以安心于自己的事业，这就是女子在家中的意义。对于这方面的教育内容，教育者可以采用口头讲述的方式告知女子，让她们为持家做足准备。

最后是要保持矜持。古代女子讲究矜持，矜持是一种状态。古代女子修身中关于矜持的内容较多。矜持的女子知道男女授受不亲，因此，女子与男子接触的时候不能窥探户壁的外边，也不能走出外庭，女子坐时应双腿合并，不能叉开，女子笑声不宜尖锐，说话音量不宜过大，与不是自己丈夫或近亲的男子更不能四目相对、有肌肤接触等，这些都是古代对于女子矜持的一些要求。如何教育女子保持矜持？一是可以口头提出要求；二是可以对一些行为动作给予示范；三是借用图画的方式让女子对于标准的行为有一个直观的了解。教育者可以通过对女子的观察和培训来加强她们的矜持行为，让她们保持矜持，然后再结合理论让她们明白所练行为的概念和内涵，从而把行为变成一种态度，形成一种稳定的气质。

儒学的礼教体现在女子现实生活的一言一行、一举一动中，实践性和可操作性都很强，女子可以通过具体的行动达到"立身端正"的目的，以此提升女子的修养，并维护礼法秩序。修身是一种可以提升品位和涵养的学习，也是一种闲情娱乐。古代不同阶层的女子接受着不同的修身内容。下面分别来看看古代宫廷女子、普通富家女子及贫民女子的修身之道。

一、古代宫廷女子的修身之道

古代宫廷女子自小就接受良好的宫廷教育。她们作为王侯将相的子女，不仅需要学习基本的妇道，还需要增广见闻，掌握多种才艺。学龄期的古代宫廷女子，她们没有从事劳动的需要，所以全部时间几乎都在学习，她们可能会接受类似于如今学校教育的分科目教学，比如男子学习六艺，女子则学习琴棋书画。下面来看看古代宫廷女子是如何通过琴棋书画的学习来修身养性的。

古琴是古代宫廷女子学习的琴种。古琴，昂贵、讲究、音色美，给人以高雅的气质，弹奏出的旋律古朴纯美，独具风格。这样的气质与风格正是封建礼教对于古代宫廷女子的一种要求，是一种风雅的意趣。女子学习古琴不像如今的古琴学习者那样，是为了考级，或为了创作，古代女子学习古琴多是为了修身养性，所以不要求琴艺有多高，偶尔闲情抚弄，聊表抒怀即可。通过学习和平时弹奏，为自己的生活增添一些乐趣，也提高了自身的修养，保养了自身的心性。

下棋是一件考验逻辑思维能力的智能游戏。古代也有女子把棋下得很好的，可见女子的逻辑思维能力并不比男子差。下棋对于女子来说也是修身养性的一种方式，修习的是她们的头脑。古代人下棋，通常下中国象棋和围棋两种，当然它们的称呼和现在不一样。下棋讲究静、思、有策略，这是一种偏男性化的休闲方式，古代宫廷贵族女子身份地位优越，可享受一些接近于男子的教育待遇，这也跟前面《女孝经》中所讲的女子孝道相关，比如妃子的孝道要能进言举贤，这就要求女子有策略，给君主或宗室提出意见，帮助其解决问题。

书法是古人的又一种修身养性的才艺。书法讲究将人的精气神全部体现在笔墨之中，有"见字如见人"之说。既然书法能代表一个人，女子们自然想要把书法练好。这些宫廷女子除了学习名家书法以外，还融入自己的个性，这样的书法随性而出，反而更有一种可欣赏的价值。古代的女子也有书法大家，比如蔡文姬的书法就写得很好，卫夫人的字也自成一体。她们对于书法的学习都有着一定渊源，根据她们学习书法的经历，可以看到书法教育中修身养性功能达到极致的集大成者，也多是依靠好的老师言传身教，才达到书法大家的地步。

绘画是女子修身自律的又一大法宝。古风水墨画如今依然大受欢迎。毛笔一挥之下即成画作，配上古人的娟娟长袖看起来真是美丽飘逸，神采不凡。绘画给人愉悦之感，绘画作品还可以装裱起来，作为作品展示给他人。绘画是许多女子都喜欢的事情，女子爱美者多，而绘画在如今被归为美术一类，可见二者关系之密切。美是绘画的追求，但并不是唯一追求。人们对于绘画除了欣赏它的布局、工笔、颜色、布景内容以外，更欣赏整体意境和画中深意。女子学习绘画可以增强自身的艺术鉴赏能力，这在一些重大场合中可能会用得上。

琴棋书画作为宫廷女子之学，有专门的女傅教授，宫廷女子在其间插学诗书，可以帮助她们更好地理解琴棋书画、理解人情世故，这样的教育让古代宫廷女子虽为女子，却依然有着不错的文化修养。此外，她们更兼有花艺、茶道等门类的娴静怡养之法来帮助自己修身养性。

二、普通富家女子的修身之道

普通富家女子是指身份并不显贵，也不是大富的人家，相当于如今的小资再偏上一点的家庭出身的女子。她们的修身之法就没有宫廷女子的繁多了，不过还是有着不错的受教育环境。

琴棋书画依然是这个群体里的女子最普遍的追求，花艺和茶道也可以学习，不过她们有不少人会学习歌舞的技能。歌舞者的身份在古时候虽然被许多文人士大夫所鄙视，但人们又喜欢歌舞，尤其是为君者、一方主政者，欣赏舞乐者众多。古时候养女主要是为了嫁一个好人家，当然就有许多想要攀附权贵的父母，他们认为嫁女富贵则是嫁得好，而习好歌舞就是一条捷径。古代女子多谨守孝道，一切都听从父母的安排。歌舞虽美好，学起来却相当艰难。古代女子在学习歌舞的过程中也有着许多坎坷与辛酸，比如西汉时期的赵飞燕，据说她舞姿绰约，能够掌上起舞，可是其背后数十年的苦练又有谁能看到呢？又传说她为了让自己跳舞的时候身姿轻盈，就服用息肌丸，这是一种阻碍女子生育的丸药。赵飞燕长期服食此药物造成不孕，这又为后期的毒害皇嗣之事埋下伏笔。

古代女子学习的科目不宜过杂过乱，她们的学习是围绕孝道教育、三从四德展开的，一方面是提升见识，另一方面是提升技艺。以德孝教育为基础教育，这个阶层的女子以后者为主，而宫廷贵女则以前者为主，她们的认知和心性都是在教育中得以熏染。

三、贫民女子的修身之道

贫民女子虽然身处窘困的环境之中，但也可以有自己修身养性的法子，只是她们也许不称之为修身养性，只当作普通的娱乐对待。

唱歌是女子劳动时喜欢做的事情，一边劳动一边唱歌，时间好像过得特别快，心情也会格外舒畅。以山歌、劳动号子为主的劳动歌让普通百姓辛苦繁忙的生活有了生色，这和富贵家女子的修身养性的感觉截然不同，是另一番意味。

除了唱歌以外，女子可以做些手工制品，比如花篮、手套、耳环、手镯等，只要可以作为商品售卖，就会有给她们的生活增加收入的可能。做这些东西虽然辛苦，却可以磨炼人的耐性，让长期从事这样手工劳动的女子越来越心灵手巧，养成坚毅、有耐心、吃苦耐劳的品性。

贫民女子的游戏通常是不需要器械或只需要廉价器械的，比如翻绳子、跳房子，这是相对于琴棋书画而言的，她们的游戏更为简单而偏体力化一些，但可以愉悦身心，同样能起到修身养性的作用。

无论是艺术还是游戏，都可以作为古代女子的修身养性之法。修身养性可以是安静的，也可以是活泼的，可以是技艺方面的，也可以是普通劳动。其实修身养性就在身边，随时随地都是修身养性的试炼场所，一个人的修养需要长期保持才能够形成稳定气质，所以修身养性需要坚持。修身养性需要经历磨砺和时间沉淀才能够把最珍贵的品质提炼并释放出来。

中国古代女子修身养性的法门各有不同，对于其修养的教育方法也是各不一样。由于修养多靠自省，所以往往是师父领进门，修行靠个人。师父领进门进行统一传授，这就如同前面所说的学堂教育；还有通过家教的形式传授的，这样可以更好地顾及个体；也有通过私塾教育传授技艺的，这和学堂教育一样。另外，有的人可以有机缘拜师学艺，有的人是依靠家中力量或周围人的传授来学习。教育的形式多样，有的庄重，有的随意。技艺的传播是第一步，却并不在第一位。还是那句话，修身养性、贵在坚持。琴棋书画不一定要精深，一些元素只要日积月累，就会释放出修养的能量。修养不仅是一种能力，更是一种感染力。修身养性的教育法是从性灵上让人脱胎换骨的一种人格魅力改造法，它见效慢，但能持久地与人的本体共存，最后与本体合二为一。

中国古代女子孝道教育在灿烂的中国古代教育文化历史上有一隅之

地，它的脚步留在了《女孝经》《列女传》《女论语》等经典古籍著作的书页里，它有多种教育方法作为传播帮手：榜样示范法、因材施教法、寓教于生活法、循序渐进法、奖罚结合法、修身养性法。从教育内容到教育方法，全面地给予中国古代女子以孝道教育，其中有许多值得效仿的人物形象是古代女子的立身典范。方法与著作文字，既有框架，又有内容，一起为古代女子的孝道教育提供了条件，让女子孝道得以更好的流传。

第四章

中国传统孝文化与现代家庭教育

第一节　孝文化是个人修身之本

中国传统孝文化里面包含着立身做人的一些基本孝义。"孝顺"一词主要运用于家庭中，中华上下五千年历史文化传延至今，孝文化也走进了现代家庭之中，影响着现代人教育子女的观念和方法。对于传统，往往是扬弃皆有，中国传统孝文化走进现代家庭教育中也是一样，它的影响和功能，落后与助益，都会在这一章中讲到，希望可以帮助人们认识传统孝道对于现代家庭教育的意义。

"修身、齐家、治国、平天下。"这是古代文人志士的理想、志气与抱负，其中，修身是首位，也是最基础的。修养自身，可以帮助人更好地与周围对话，与他人共处，这是人通过自省的方式不断提升本源，从根本上加强自身素养的一种行为。下面从修身说起，并且联系孝文化，谈一谈孝文化对于个人修身的意义。

一、修身和孝文化

"修身"一词出自《礼记·大学》，它的基本意思是陶冶身心、涵养德行、修持身性。修身在日常生活中有一些具体行为表现，比如择善而从、博学于文，并约之以礼。修身是一个漫长的过程，不可能一蹴而就，修身者需要耐心，沉心静气，方能陶冶情操、慷慨意志。修身需要多读书，可是并非读书就可达到修身的目的、就可成为圣人，一个人读再多的书，学再多的知识门类，如果没有办法约束自己的言行以符合礼仪规范，让自己受益、成就他人之善，那所学就只不过是纸上谈兵，空洞无用。把圣贤之言理解透彻，方能开始修身，进而通过行为实现齐家、治国、平天下的理想。

修身可以帮助人齐家、治国，并非说齐家和治国是修身的目的，修身可以只是为了自身素养的提高而修习，可以只是为了参透物我的境界而深入研究。修身的本质是一个长期与自己的恶习与薄弱意志作斗争的过程，时时检束自己的身心言行，用诚心、仁爱、谦卑的情操去清除思想中的杂质，对那些让人轻浮、骄傲、自大的内外因素给予规避和引导，让思想净化，从而让修身的功能在这样的历程中得以实现。

中国的孝文化源远流长，作为一种文化体系，"孝"是随着社会的发展而变迁的，当代孝文化在继承古代传统的同时也有与时俱进的一面，它的存在可以发挥当代价值，有助于社会主义现代化建设。

黑格尔曾说过："中国纯粹建筑在这一种道德的结合上，国家的特性便是客观的家庭孝道。"中国传统孝文化在社会变革中依然不灭其光辉，这是因为它有着很强的道德教育意义和行为规范约束意义，任何组织都需要体制的维护，孝道就是一种从生命本体最深入的感受出发所形成的一种道德学说，它对人有极强的约束力，这和修身的本质——一个长期与自己的恶习与薄弱意志作斗争的过程不谋而合，都是用一定的标准进行自我反省、自我约束、自我提升的意识存在。孝文化、孝道，其本身就是带有极强教育色彩的。

二、孝文化助人培养完整人格

在中国传统文化的定义里，人需要有完整的人格。人格除了可以分为多种类型，还可以分为多种境界。著名哲学家冯友兰先生根据个人对人生意义的认识和见解程度不同，将人生境界由低到高分为自然境界、功利境界、道德境界和天地境界。境界越往高处走，人格体系就越完善。孝文化作为道德教育的文化，至少可以将人从自然境界引入道德境界这一层，而是否能进入天地境界，则需要看个人的修行了。

人生下来的时候是纯粹而自然的，没有思想认识存在，如同一张白纸，孔子大概也是觉察到了这一点，因此认可"人之初，性本善"的观点，这又让人想到同是儒家代表人物的荀子，他却提出"人之初，性本恶"的观点，与前者的看法背道而驰。其实，人刚生下来没有思想认识，或思想认识无法为人知晓，那么如何判断人之初的善与恶呢？人只是有一些本能，没有生存能力的时候只有索取的本能，有了生存能力的时候才会开始有付出、奉献的意识，所以人出生后会从自然境界顺理成章地过渡到功利境界，即不断索取。从索取到付出，这是从功利境界提升到道德境界的一个过程。这条路能不能走到点位上，就要看中间的修行之路。古代历朝历代多实行孝治，天下重孝，对于人的道德培养十分看重，无论男女，都在传统孝文化的影响之下存在，适应主流环境思想的人可以顺利实现自我修养的目的，品德提高到令人尊敬的程度，从而实现道德自我；忤逆不孝之人就难以提升到这一境界，从而沦落在自然人、自然功利之人这一循环链中，得不到属于人应有的教养。

孝是中华传统伦理体系的起点和诸德之首，是做人的基础，也是完整人格必备的条件之一。知孝行孝，其人格境界就提升了很大一个层次，从小孝到大孝，方能成就道德自我的境界。

"万恶淫为首，百善孝为先。"长久以来，这句俗语表达着广大人民群众对于孝的认识、对于孝的重视。古人有云："鸦有反哺之义，羊知跪乳之恩。"特别是在中国传统社会，孝甚至被看作是全德之名，是衡量一个人人格的根本标准。《孝经·开宗明义章》中写道："身体发肤，受之父母，不敢毁伤，孝之始也。"父母给予我们生命，还抚养我们长大成人，无论是从先天血缘关系来看还是从后天教育培养来看，父母和子女是一切人际关系中最为自然而亲密的，一个人要有健全完整的人格，就要从孝敬父母开始。孝敬父母的前提是爱惜自己，健全人格建立的起点也是如此，要以珍惜自己的身体为基础要求，而后才可以开始谈论德行，谈论孝道中如何孝敬父母、修持自身等问题。孝道表面上看，是对他人行孝，实际上是对自我的社会认知进行完善的过程。这个认知要符合社会环境的要求，而孝文化就是这个社会环境中的一部分，每个人都要和它打交道，因此我们要理解它、适应它、包容它、与它共处。把孝文化作为个人修身的起点，修养自我，培养健全人格，从践行孝道开始，先爱惜自身，然后对父母行孝，自己过得好，父母也会省心不少。再通过让父母开心的方式让自己也开心起来。最后把这份孝道普及，把孝道的思想延伸开来，从对自己的父母好，变成对更多人都好，进而实现自身的价值，实现自身人格境界的提高和人格的完整。

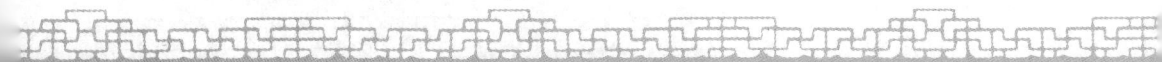

三、孝文化助人拓宽道德修养

  道德修养是人的道德活动形式之一。它是指个人为实现一定的理想人格而在意识和行为方面进行的道德上的自我锻炼，以及由此达到的道德境界。本质上，道德修养是转变为个人道德品质的内在过程。我们知道，人的思想认识是广阔无边的，道德伦理无处不在。作为一种约束性的规范，道德对于社会的意义是非同一般的。人在社会中实践道德活动，道德对于人来说是行走于社会之中的基本须知。孝是道德之首，是人拓宽道德修养首先需要了解的内容，因为孝文化从内容上来看是基础。

  "人之道德生活，必自孝悌始，乃天秩之必然。"如果说仁爱之心是一切道德修养产生的根源的话，孝则是仁爱之心产生的渠道。个人一切的道德与善性都要从孝顺、敬爱父母的义务实践中去培育开拓。不爱树木，不可能爱森林，不爱父母，不可能爱别人，所以人要有一颗爱心，首先得爱亲，爱亲则孝亲，这都是有联系的。"爱亲者，不敢恶于人；敬亲者，不敢慢于人。"正是这样的缘故，孝的意义从一人对待父母的层面推及一人对待所有人的层面。

  孝文化让人从本体的角度开始思考如何做人、如何对待于己有恩的人，如果一个人连对自己有恩的父母都不孝顺，又何谈与他人相处，对他人行善交好？如果一个人在与父母相处中奉行孝道，给父母带来欢心愉悦，那么他很有可能把这种令人愉快的能力运用到更多的环境中，给更多人带去欢乐，于是人们便说此人修养高。人在各种环境中都可以体现出自身的道德修养，然而人最初总是和父母相处得较多，与父母之间的相处是其修养实践的初始阶段，这好比一开始形成了好习惯，后面就跟着得到好结果一样，道德修养的施展空间逐渐拓宽，道德修养在多种形式的活动中向着更高标准、更高要求的道德境界迈进。

  道德境界作为人格境界的第三层，并不是只要略懂道德、会讲道德就可以的，而是要把道德融入自身意志之中，把道德视同与生命一般重要的存在，方能称为道德境界，而达到道德境界后，才能够向着人格的最高境界——天地境界迈进。道德境界的要求高，道德修养的历程往往也不会短，在这一历程中，孝文化的根基是否深厚影响着一个人能否在各个阶段中坚持道德行为，深化道德思想，获得对人生善道、孝道、德行方面更进一步的体悟。人在这一历程中有所体悟、人格逐渐完善之后，又开始新的道德活动。通过这样的道德修养形式，人在孝文化深厚底蕴的滋养之下，在行为活动中体现道德意志，逐渐拓宽道德修养，让个人品质在更广的范围内发生效用和影响力。如此，道德修养为人所知，修身之法开始有所作用，这再一次诠释了孝道对于个人修身、道德修养的助益。

"感动中国2006年度人物"林秀贞，通过对母亲的"大孝"展现出她的高尚道德品质和修养，她始终记得母亲的朴素教导：人人管闲事，世上没难事；人人都帮人，世上没穷人；千千治家——用一千份的力量来治理自己的家；万万治邻——用一万份的力量来治理邻里关系。她用30年的时间和爱心赡养了6位孤寡老人，资助了14名贫困家庭子女步入大中专院校，安排了8名残疾人进入就业岗位，30年的行动感动了全中国，正如《感动中国》节目对她的颁奖词所写：她是一个用30年爱心让一村之中老有所终、幼有所长、矜寡孤独废疾者有所养的人。富人做这等事是慈善，穷人做这种事是圣贤，官员做这种事是本分，农民做这种事是伟大，这位农妇让九州动容。林秀贞的感人事迹其实正是源于孝，因为孝敬父母，不忘母亲谆谆教诲，从而可以实践这一大孝之举，她对于亲人的爱已经延伸到了对世人的爱，她把别人看作是自己的亲人，如亲人般对待他们，给予了社会一个无比温暖的故事。林秀贞的行为正是自孝而始，拓宽了自己的道德修养，让孝和德释放出伟大的光芒。

四、孝文化助人理解处世规范

自古圣贤大都认为君子的成功之道是先格物、致知、诚意、正心、修身，继而致力于齐家、治国、平天下，做人处事总是由内而外，依次扩延，推己及人。

《孝经·圣治章》中有言："天地之性，人为贵。人之行，莫大于孝，孝莫大于严父，严父莫大于配天，则周公其人也。"这里的"严"是尊敬之义，这里反复强调的是对父母的养和敬，其内涵是处处以礼作为行为规范来要求人行孝。

有一句话说："世事洞明皆学问，人情练达即文章。"古代对于礼的继承大多较为凝练地表现在氏族大家的家训中。家训是先辈留与后人的为人处世的宝典，也是对后人立身处世、兴家治业的教诲。它代代相传，表达了后人对先辈们的孝敬之意。最早的家训可追溯到周公告诫子侄周成王的诰辞。后来，南北朝时北齐文学家颜之推所著的《颜氏家训》、近现代史上的《曾国藩家训》等，不仅在中国传统文化中地位显著，而且对后世有着颇为深远的影响，不仅让我们在家庭中践行孝道有了导航标，更让我们个人的为人处世有了参考规范。

现代社会中，人们对"孝"这个传统理念依然认可，更有许多人认为，"孝"是中华民族最重要的道德规范之一，应用"孝"文化来指导自己的为人处世，正如唐俊毅先生所讲："孝父母为任何社会中之人应有的普遍道德。人当孝父母之理性根据，不在父母对我之是否爱。父母爱我，我固当报之以孝；父母不爱我，我应当孝父母。"这体现了人们对于孝的重视，在孝的教导下寻求自己的人生价值和意义。

孝是一种忠诚报恩的情感，人有了忠诚报恩的情感，懂得了感恩，就可以用爱和热情拥抱周围的世界，从而获得一种良好的社会生活体验，这也是对尽孝者最大的馈赠。孝帮助人们更好地为人处世，因为懂孝尽孝之人的气质里显示出来的是一种谦卑、忍让和为他人着想的态度。试问谁不喜欢和这样的人在一起呢？懂孝之人，自然而然就懂得了与人相处之道，不容易和别人发生矛盾冲突，不容易给人带来不愉快，从而能更好地为人处世。孝使人忠实憨厚，简简单单，多了些幸运，少了些灾祸，这就是孝道的力量，它帮助人们提升为人处世方面的能力。

孝文化从个人人格到道德修养，再到为人处世的规范，都对人产生较大的影响，孝文化不仅影响个人生命感知，也影响个人之于他人的感受。提高修养可以让自身感觉通畅自如，身心愉悦，也可以把自身的畅快和愉悦感带给他人，通过言行及处世选择让他人感受到自己的诚心、仁爱和谦卑。孝的力量是可以扩延的，正因如此，孝自小家起，却形成了中华孝文化体系，人在这样的文化体系中受到影响，对个人修养和人格形成都有着重要意义。

第二节　孝文化是齐家的不二法宝

俗语云:"乌鸦反哺,羔羊跪乳,雁飞有序,家犬有义。"作为自然界的动物,尚且如此有情,何况作为"万物灵长"的人呢?依据文化生态学的观点来看,孝是一种复杂而精致的文化设计,其功能也在于促进家庭的和谐、团结和延续。

孝道在时间、空间上共同传播,形成孝文化。孝文化除了助人修身,还可助人齐家,古人的理想境界无不是在孝的基础上建立起来的。家之兴起于孝,孝使人心齐,齐心则聚力,家人同心,其利断金,家族之业必然兴起并兴盛。家之守业需存孝,孝使人安分,静修身,安养岁,日积月累,家室安宁无异事,家大业大财源滚滚,无所纷争。

如果问齐家的方法是什么?正是推行孝道,孝道使人心齐。人作为家最重要的组成部分,人心齐则家齐,而齐家先要做什么呢?《礼记·大学》有云:"欲齐其家者,先修其身。"做到齐家有多难呢?清代的李渔在他的《风筝误·闺哄》中写道:"不会齐家会做官,只因情法有严宽。"齐家比做官更难,可见齐家的难处。齐家的根本之害在何处呢?康有为在《大同书》戊部第一章中说:"夫强异类者以同居,以此而日言齐家,岂非怪谬!"一家生异心,是齐家的根本之害。齐家是家族成员能够齐心协力、和谐相处,齐字本有治理和整理的意思,齐家自然需要对家进行整治和管理。齐家需要管家,但不只是管家,管家管得住人管不住心,而齐家这一"齐"字主要是针对家人之心而言的。齐家要求管理人心,孝道则给出了管理人心和管理人行为的方法,这就使二者形成了联系,在孝文化的影响下,齐家人之心的目标更有可能实现。

一、孝文化助人构建和谐家庭

中国传统社会注重和谐,这里的"和"是指和睦,有和衷共济之意,蕴含着和以处众、内和外顺等深刻的人生理念;"谐"是指相合,强调顺和、协调，避免抵触和冲突。"和谐"是中国文化最大的特点，是中国人的整体观、系统观的凝聚。林语堂认为："中国式的屋顶指示出快乐的要素第一存在于家庭。"正所谓"国之本在家"，家和万事兴，家庭的稳定和谐是社会稳定和谐的基础，而家庭的稳定和谐需要孝文化的维系和支撑。

孝作为道德之本，是人本初的情怀，孝从人最根本的心理动机出发，是发端于骨肉亲情，看不见的存在。孝的观念是人类最为淳朴的情感，它随着家庭的产生而产生，一个人从出生到独立生存于世间，需要的时间大概是15年到20年，比其他动物要长很多，所以独立之前的很长一段时间里都需要依赖父母的养育和教导，久而久之，就会对父母及其他长辈的无私之爱感受深切，自觉或不自觉地遵循起孝的理念来。

传统家族宗法体系瓦解后，现代家庭结构比较流行的是核心家庭模式，亲子之间已经是人格平等的关系，家庭成员之间也是互相尊重、互助互爱的新型道德关系。政府对养老保险制度的大力支持，使多数老人现在已经有了生活的物质保障，所以子女应多在精神上慰藉老人，关怀体贴他们，尽心做到"养则致其乐"，让他们尽享天伦之乐，从而也使家庭和谐融洽。

如今的现代家庭和古代有了很大的不同，四世同堂也少见，不像古时候的一家子几代人住在一个院子里。现代家庭从人口上来看比过去少了很多，婚后生儿育女，一家三口是最平常的家庭组成。即使只是三口之家，只要开始有了长辈和晚辈的差别，一个家庭孝道体系的组成部分就比较完整了。古代有"君为臣纲，夫为妻纲，父为子纲"的说法，在现代家庭中，后两句"夫为妻纲，父为子纲"是否依然如昨？随着现代女性的解放运动，开始提倡男女平等，"夫为妻纲"的影响力已经被大大削弱，几乎不复存在，而"父为子纲"随着"君"之不在，夫妻平等，也少有被叫出口来。父母养育子女，子女听从父母的教诲，以父母为先，唯父母之命而从，这比之夫妻间的平行关系难以等同，再往大处说，国家仍然存在，虽然无君主，依然有法度，有管理者和民众，"君为臣纲"的思想还是要应用在国家管理上，民众拥护政府，这是最基本的要求。所以"君为臣纲，父为子纲"在如今仍然是不变的道理，尤其是父子之间，讲究孝道关系，子女孝敬父母，听从父母的意见，这是理所当然的事。只不过，现代人讲究平等，儿女长大不听父母意见的情况越来越多，这是西方平等、博爱思想传播到中国后打乱我国伦常秩序之法的表现。外来思想既为我国带来了好的一面，也影响了我国原有思想中的优秀因素的功能发挥，而这优秀因素对于现代家庭的和谐秩序有着一定的意义。对于这一点，如今有人逐渐认识到并给予积极引导，不论是在公司文化还是社区文化中，对于古代孝道思想的传播越来越多，人们开始重新回到一种现代式孝文化的环境中。

一个军队必须有将军作为领导，一个班级必须有老师作为管理人，处处需要秩序，家庭中也不例外。一个家庭中需要有一家之主，人们基于现代平等思想，保证家中民主，这是无可厚非的，但确立谁的话语权高、谁的管理权限大，还是很有必要的。年长之人的认知一般较年幼之人更广，理应作为指挥者。无论从中国古代讲究的"礼"出发还是从现代人追求的"理"来看，父或者母作为家中之主为宜，而父母之间，又多以父亲为主，这是与经济和传统息息相关的。在社会生活中，人们习惯于以男子为家庭之主，在经济方面，男子外出挣钱较女子更容易，这些都是确立男子为一家之主的因素。有了秩序，家中的大小事就有了一个组织者，这种地位类似于如今的管理人，但和古代是有所不同的，即决策的权柄转移到了大多数人的手上。比如，父亲针对要不要去春游的问题在家中组织讨论，而最终决策权是由三个人共同举手或依次发言作出表决，最后提出处理方案。这样把古代孝文化中的秩序之法运用于现代家庭中，又结合当今民主思想的时代思潮，形成既有秩序又开明的家庭环境，可以让现代家庭走向更为圆满而和谐的发展道路。

孝文化对于和谐家庭的构建有着积极作用，除了在规范秩序上有所帮助外，还带给人孝亲感恩的思想，从人的内心去感知孝文化并把其中的孝道方法运用于日常生活中。从人心上给予的影响有时候更为重要，这正是应了齐家先齐心的观念，心齐则家齐，心异则家乱，如果家人皆奉孝道，以孝道修己身，那么不仅家庭和睦，家庭与邻里之间的关系也会和谐。

二、孝文化助人培育合作精神

生命的价值在于把个人有限的生命投入到无限的历史长河之中，把自己看作历代祖先理想文化的实践者。传统的孝文化中，父辈是权力的主体，子辈是义务的主体,"父要子亡,子不得不亡",这话有着明显的"重孝轻慈"倾向。在现代社会是双向互动的合作倾向,作为父母,只有尽量对子女施以慈爱,子女才会对父母形成深厚的感情,自觉自发产生孝,从而有孝的行为;作为子女,应该多关心父母,与父母保持沟通,多顺着父母的心意说话办事,让他们舒心顺心,这样也可以保证他们的身体健康。遇到问题,子女多征询父母的意见,减少与他们之间发生摩擦的可能,这样家庭成员合作起来就能够更加顺心顺意。

孝道可以帮助人在合作中找到自我定位;孝道可以提高人的修养,增强人的亲和力,帮助他能够更好地进行团队生活;孝道给予人们一种总替他人考虑的思维方式,这是合作中所需要的。所以,孝文化助人培育合作精神,是从人伦秩序到人的内在涵养等多方面施加影响的。

在合作中,人们总是各有定位,可以是分工不同,可以是合作中的级别不同,对此,人需要依循孝道的原则,做到谦虚和礼让,明确自己的分工和级别,给予自己一个合适的定位,这样可以在与他人合作时有合情合理的行为,给他人一种明达道理的印象,促进与他人沟通顺畅。

孝道对于个人人格方面的完善和对于个人修养方面的提高是在前面就已讲述到的,孝道对于个人修养的提高实际上是从根本上帮助一个人去完善与人、与社会、与自然甚至与自己沟通融合的能力,当这种能力培养起来后,人的亲和力、自在感、豁达感都会显示出来,从而增强其合作精神。

人在孝的文化氛围中理解秩序与仁爱的意义,把小家之孝扩延到大的环境中,实现大孝,多为他人考虑、友爱他人、理解他人、乐于帮助他人,这样的人在任何一个环境中都会受到欢迎,自身的合作精神也就相应地得到提升。

三、孝文化助人培养社会责任感

人属于家庭的一部分,也属于社会的一部分,就连家庭本身都属于社会的一部分。身在社会中和身在家庭中一样,作为个体,需要对整体有一种责任感以及自我使命感。这种责任感和自我使命感会督促着一个人前进,督促着一个人依循社会道德的一般准则对社会尽职尽责地承担义务，这既是一个人的光荣，也是一个人生活的重心。人如何自觉依循社会道德的一般准则，这就要以孝的观念作为根基。

孝是一种由天然的血缘关系所决定的绝对的道德责任，父母生养我们，对我们无私付出甚至不吝牺牲生命，而且父母是我们在世间的第一任老师，他们对待长辈的态度和言行对我们起着潜移默化的作用，所以我们从懂事起就明白，待到父母年老无力时，当思反哺。孝，从表面上看，是家庭内部子女与父母及长辈之间的关系，是一种家庭责任，但其实质，还是社会关系、社会责任。孝文化本就有推己及人的情操观念在里面，孝的思想要求人不仅要对自己的父母有感恩、照顾和慰藉的责任，连同对社会上的长者也负有社会责任，就如同看到老人倒地这样的情景，要知道上前搀扶一把；看到路边有为生活所迫而行乞的人，记得帮助一把。从古至今，孝敬父母都是子女应尽的义务，几千年来都不曾改变，上至君王下至百姓，有许多孝顺父母及其他长辈的例子：西汉的文帝为母亲薄太后亲尝汤药；爱国将军冯玉祥在母亲病故后，每逢自己生日便闭门谢客，不吃不喝，以此来纪念母亲的生养之恩；还有古代的贫民书生董永，即使卖身也要将家中长辈安葬；当代的陈斌强背着妈妈上班等。这些都感动人的心灵，他们用行动担当责任，用自己的孝心和孝行激励着我们，帮助我们更好地培育自己的社会责任感。一个人要担当社会责任，首先要担当家庭责任，在责任方面，孝是一个源头。

一个家由众多家人组成，家人是世界上最亲密无间的个体，无论从血缘上还是从相识度上来看，家人之间的情感都理应是最真挚深切的。不过，在长久的岁月里，人与人生活在一个屋檐下，由于每个人的品性爱好不同，价值观念有所差异，摩擦、离合感、隔阂等都是有可能滋生的。如果说家是一个人的身体，这些小摩擦就像人体中的寄生虫，短时间内不会给人带来太大的危害，可是时间长了，寄生虫如若没有得到消灭和解决，小问题、小危害就会扩大。孝文化减少了家庭中容易出现的矛盾，帮助家庭中的人化解矛盾，通过合作增进彼此之间的默契和情感，从而让整个家庭人心向齐、和谐共处，对彼此、对社会都能够心存一份责任感，这也就实现了齐家的目的。

第三节　孝文化是教儿育儿的思想根基

孝文化能够渗透到人们的思想意识中并代代延续，除了环境的自然熏陶，还离不开父母的指引和教育。如何运用孝文化教儿育儿，也是人们需要关注的重点。

《孝经》作为经典著作，对于人的教化意义与作用不可忽视，在中国传统文化中有着举足轻重的地位。人皆以孝立身，孝是为人处世的根本，孝的重要性不言而喻。作为养育儿女的家长，应该把孝道文化教给孩子，这既是一种对孩子修身立性负责任的表现，也是为了孩子长大后能够更体谅自己，与父母兄弟姐妹和谐相处的一种准备工作。

一、孝文化对孩子的教育意义

现如今，我国提倡素质教育。所谓素质教育，其实和孝道教育、品德教育有异曲同工之妙。教育孩子拥有良好的品德、良好的行为习惯，首先需要从其内心出发给予指导，在这一点上，孝文化教育给予了素质教育以借鉴意义。

孝文化是传统文化，但它的介入可以赋予新时代的文化以新内容。

孔子曾经说过，孝是一切德行的根本，是教化产生的根源，是人首要的品行。人的身体是父母给予的，懂得爱惜自己的身体，是孝的开始。人在世上遵循道德、有所建树，为国家和社会作贡献，从而使父母以子女为荣，这是孝的终极目标。

"孝"是传统社会的基本道德，也是中华民族固有的道德传统。"孝"的核心是"爱"，这种"爱"是感性和理性的高度融合。"爱"也有其核心，"爱"的核心是奉献。"爱"的情感是诸多情感中极为美好而高贵的一种，无论是对祖国的爱还是对亲人的爱，又或是对一切美好事物的爱，这种"爱"的感情都是崇高的，是永恒讴歌的对象。在对孩子进行教育的过程中，重点就是要用孝文化培养他们"爱"的能力。一个家庭不能没有爱，否则家对于人的归属感也就荡然无存了；人不可以没有爱，人终究要走向社会去做奉献并承担责任与义务，所以需要在成长的过程中懂爱、会爱，这样才能够向着符合社会要求以及符合人类发展需要的方向前进，从而成为一个越来越受欢迎甚至成为有自身影响力和人格魅力的人。有爱的人是懂孝道的，爱亲者不一定爱他人，但爱他人者一定爱亲，这和孝道在人身上的影响规律是一样的。

如今的校园，已经开始了孝文化建设，因为认识到孝文化深远的影响意义，孝文化的光辉被重新点亮在讲台上。素质教育的根本在于"立人"，即培养高素质的人，孝文化的宗旨也是"立人"，二者皆从人出发，又皆是为了培养人的品德、规范人的言行，并同出于中国这样一个语言环境及文化环境之中，所以二者相互渗透、相互借鉴就是顺理成章的事情了。因此，在孝文化的建设上，学校作为文化传承的重要载体，也是创造文化的主体，开展了许多相关的活动。比如有些学校举办"海选孝心家庭"、设置"感恩墙"、评选"十大孝子"等活动，从实际出发把孝道教育施展开来，把孝文化传扬下去，这些都是学校与家庭一起致力于利用孝文化实现对孩子的品德、素质进行更好的教育这一目的的具体行为措施。

二、孝文化的内容还需取舍

在将孝文化运用于养育、教导孩子之前，先要对孝文化有一个全面客观的认识，孝文化的内容并非完全可取，这需要施教的人在传授之前就有全面的认识，并在施教过程中规避其不好的方面。

孝文化的可取之处在之前已经提到不少，重点是它的忠孝思想、和谐思想、道德修身教育意义，这是孝文化中值得弘扬的方面。而孝文化中有的内容并不见得对人有益，于是也就有了如今的愚孝之说，这是没有结合时代精神去认识孝道文化而走到了思想的偏路上。"埋儿奉母"的故事就是愚孝的一个典型例子："汉郭巨，家贫。有子三岁，母尝减食与之。巨谓妻曰：'贫乏不能供母，子又分母之食，盍埋此子？儿可再有，母不可复得。'妻不敢违。巨遂掘坑三尺余，忽见黄金一釜，上云：'天赐孝子郭巨，官不得取，民不得夺。'"郭巨的做法让人嗤之以鼻，不值得提倡。鲁迅先生也曾就此故事评论道："我最初实在替这个孩子捏一把汗，待到掘出黄金一釜，这才觉得轻松。然而我已经不但自己不敢再想做孝子，并且怕我父亲去做孝子了。家境正在坏下去，常听到父母愁柴米；祖母又老了，倘使我的父亲竟学了郭巨，该埋的不正是我吗？"如果将这样的故事讲述给孩子听，他们会不会害怕"孝"，觉得"孝"是一个会害他们丢掉性命的大魔头呢？所以正确认识孝、有所扬弃、正确引导，才能让孝文化对现代的孩子们正确思想观念的形成产生积极作用，孝文化才能在养儿育儿上正面地帮助父母和老师。对于孝文化的扬弃，家长需要增强认知，积极参与到孝文化内容的讨论和教育活动中去，实现与大环境文化思想相融，而不至于因为环境脱节、相关知识缺乏而给孩子错误的引导。

孝文化内容需要取舍，取其精华，去其糟粕，除了从客观规律出发，也要顺应时代思想文化和物质环境的需要。总而言之，孝文化要走进人类的思想世界，需要前一辈人慎思慎取，不可胡乱教诲，否则会对孩子的思想认识和将来的行为造成不良影响。

三、孝文化教育影响身心发展

孝道是立人之道，人立则端，人端正则身心发展都不会有所偏斜，自然端正大方，光明磊落。教育的目的就是为了让孩子的身心都得到良好的发展，为了这一点，家庭和学校、家长和教师都在努力。在孝文化被重拾之时，教育界仿佛寻找到了一个巨大的教育资源宝库，因为孝文化的内容与内涵都太丰富了，足以给孩子们幼年的德行教育打下一个良好的基础。

如今，许多学校还有"要学本领先学做人"的校训，可见立身为人之道的重要性。国学经典《三字经》里就有十分朴实的孝道文化经验，而《三字经》适合低龄幼儿学习，书中关于孝文化思想的内容朴实简单，只要排除掉一些愚孝观念的干扰，便可以开始教授。不过，如何让孩子把孝的理念从认知领域深入到个人意志中，从而成为他们个人意志品质的一部分，就需要长期磋磨了。让孩子们认识到孝的作用与意义，知道孝道对自身立足于世是有益无害的，这样做或许可以加速他们对孝文化内涵的吸收。

"内圣外王"是儒家哲学的最高理想人格，为了使理想人格具有现实性，儒家设计了比"内圣外王"低一个层次、更为大众化的君子人格。儒家君子人格是对圣王人格的有效补充，也是做人的一般规范，是人人都可以通过自身努力得以实现的理想人格。孝文化教育也是要赋予人一种理想的人格，它对于理想人格的定义与儒学思想是同宗同源的，理想人格的树立必须要有身心端正这一必要前提。所以要在给予人端正的基底后再谈论更高一层境界，而这也正是养育儿女的父母们所要达到的终极目标，即帮孩子形成一个完整而富有魅力的人格，让孩子的身心在健康的土壤中生长。

理想人格的树立离不开孝，因为维系家庭和谐有序的核心是"孝"和"悌"。儒家视孝为"仁"的根本，也是做人的根本，不孝不悌则无仁可言。孔子说："孝悌也者，其为仁之本与。"孟子认为，父子有亲、长幼有序是处理家庭关系的基本准则，这是"仁道"在家庭生活中的体现。孝道同样给出了一些秩序上的规定，这样的规定就如同校园里的规则、班级中的班规、家里的家规。中国有句老话说："没有规矩不成方圆。"这表明如果约束人的东西没有了，人将会陷入一种混乱和茫然的境地。孝正是带着一种整治和教化的目的而来，然而它的内核是爱，所以每一个自然人都能够体会到其中道理的真切合理，孝义是最能被人接受的道理和规定，通过孝来规范孩子的行为，让其言、心、行都合而为一地实施孝的观念，那么他们最后就会成为一个乐于奉献、受人欢迎的人。

四、以孝育儿的最终成果

欲谈结果，先谈起源。孝文化是一种源远流长的文化，其普世的广度从时间和空间上来看都是无边无际的。

从人与动物的比较、历史传说、礼的起源、考古的发现，以及今人对于黑猩猩的考察，都可以证明孝的起源是在远古时期。

母系社会时，孝的观念就已经萌芽了。《商子·开塞》中云："天地设而民生之。当此时也，民知母，而不知其父。其道亲亲而爱私。"《吕氏春秋·恃君览》中云："昔太古尝无君矣。其民聚生群处，知母不知父，无亲戚、兄弟、夫妻、男女之别，无上下、长幼之道。"从这些记载可以看出，爱敬母亲、知恩感恩是孝最本初的源头，而秩序规则方面的内容则是随着社会发展而逐渐丰富起来的。从爱敬父母这一孝的本源到庞大的孝文化体系，孝的发展历程也是漫长的。孝之后才有礼、秩序、男女之别等种种思想内涵，而仔细想来，其本源是对人最为有益而发自于人内心的东西。

有人曾提出：孝产生的原因是什么？孟子认为是良知、良能。《孟子·

尽心上》中云："人之所不学而能者，其良能也；所不虑而知者，其良知也。孩提之童，无不知爱其亲者，及其长也，无不知敬其兄也。"朱熹在《孟子集注》中说："良者，本然之善也。""良能"可解释为本能。明朝的王廷相不赞同这种观点，他在《雅述》中说道："父母兄弟之亲，亦积习稔熟然耳。"王廷相认为，孝敬父母是后天习染而成，非天生如此。虽然对于这样的问题各自有着不同的见解，但是血缘关系、情感基础、心理因素、报恩思想、原始风俗、原始经济等都与孝的产生有着密切关系，这一点是毋庸置疑的。孝有着仁爱的本源，是血肉不分离、荣辱相与共的情感之基。

如果要问以孝育儿的成果，那就要从孝的本源出发。孝文化激发了人的感恩意识和爱的能力，而感恩与爱促使人去付出和奉献，看似是一种失去，其实是一种更大的得到。为什么有的人会为了他人而牺牲自己？为什么自古以来会有那么多孝的故事传诵后世？这正是因为他们感受到孝的成果带给他们的内心满足感。奉献、感恩、爱是一种幸福和快乐，爱比被爱更幸福，所以用孝教会孩子去爱，那么他眼中的世界就是美好的，心也是快乐的。再者，就社会来说，家庭中以孝育儿对于全社会的益处就更为明显了。一个乐于奉献的人，一个懂得感恩、充满爱的人走入社会后，总是能够包容、照顾他人，这就是孝道教育的成果体现。

孝以最直接的血缘亲情为纽带，通过成体系的理念给予人一种规范化的人格教育和品德教育，因为它有着强大的历史文化基础，已经成了一种文化。因此，父母可以营造文化氛围，用熏陶的方法教育孩子，这样可以使孝文化教育的成果更为显著。

孝文化是中国人文思想中最朴实的根基，在进行孝文化教育的过程中，注重环境陶冶和受教育者的身心发展特点，通过较为简单易解的方式传之以孝的教育，这是以孝文化养儿育儿的方法。中国目前的教育中，从小学到大学还未将孝文化教育作为专门的课程开设，这是当今中国教育的缺失，不过将孝文化渗透到各类学科教育中还是比较普遍的，尊老爱幼的校规、标语随处可见。在中国这样一个注重和谐、注重传统的国家，孝文化的影响力还将持久保持下去，它的传播不仅需要社会工作者的宣传，更需要家家户户代代相告，把关于孝的传统美德用心留存在每一代人的心中。

第五章

老龄化趋势下女孝文化建设的时代价值

第一节　有利于培养和践行社会主义核心价值观

当代中国社会正处于全面转型的关键期，利益诉求更加多元化，社会思潮更加纷繁复杂。受到人口老龄化加剧、情感和亲情淡化、家庭伦理道德失范的影响，代际矛盾、养老问题日益凸显。孝道伦理是中国传统道德的核心，传承和发展孝道伦理对于有效应对老龄化挑战，化"危"为"机"，构建和谐社会，具有重要的现实意义。在此关键时期，以乡村孝道文化为着力点和主要抓手，深挖乡村道德文化的内涵意蕴，大力弘扬优秀传统文化，弘扬女孝文化，对于培育和践行社会主义核心价值观、有效化解乡村养老难问题、持续推进美丽乡村建设、构建和谐乡村社会等都具有重要的时代价值。

一、孝文化是社会主义核心价值观的伦理基础

孔子认为："夫孝，德之本，教之所由生也。"孝是所有美德之根本，是一种由人类自然情感滋养出来，进而可以教化社会的力量，即所谓"夫孝，始于事亲，中于事君，终于立身"。"事亲"体现的便是孝文化。一旦这种教化社会的力量形成一种带有规范性的文化，便可产生巨大的凝聚力，进而对维护国家稳定及健康和谐发展产生积极作用。传统孝文化正是将个人道德品质推演至一个家庭、家族，进而"移孝为忠"转至国家，而核心价值观亦是通过这三个层次对社会整体提出要求，可以说，传统文化为核心价值观提供了道德支撑。

首先，传统孝文化是个人道德修养之根本。传统孝文化起源于对祖先的祭祀和奉养，植根于子女对父母无私养育之情的回报，发端于个人道德品质的塑造，最后落脚于对国家、对社会的贡献。从微观层面讲，核心价值观立足于规范公民道德，即提倡公民个人道德修养，而这与传统的孝文

化、女孝文化一脉相承。

其次,传统孝文化是社会和谐的价值源泉。和谐作为社会主义核心价值观的核心内容之一,是中国传统文化的高度凝练。传统孝文化的内涵和外延也无处不彰显着和谐,其将对自己、对家人自发且自觉的孝义和敬爱推及社会中的陌生人,是一种超越一己之私而具有利他主义的道德情感。

最后,传统孝文化是国家稳定发展的保障。传统孝文化被提升到自然规律层面,与天地运行紧密结合,因此,孝被认为是理应遵从、合乎规律而顺应天地的道德行为。以孝来作为普遍伦理观念去治理国家是一种合理性的认同行为,具有社会共同规范作用。

爱国必先爱家,爱家必先敬老。传统孝文化的精华对核心价值观的形成产生了重要影响,至今仍对民族延续和发展起着重要作用。传统女孝文化固然存在糟粕和不合时代的成分,但其主流价值和积极作用是值得也必须继承和发扬的。

二、孝文化是践行社会主义核心价值观的助推力

上层建筑具有时代超前性的特征,而思想文化作为上层建筑的一部分,也具有时代超前性的特征。传统孝文化、女孝文化历经数千年的演变和发展,潜移默化地对社会道德准则产生了深远的影响。从某种程度而言,古代社会正是通过这种道德教化力量来规范个人和社会行为的。核心价值观的提出也是基于此道德标准之上,并且随着传统孝文化、女孝文化的传播,更有利于增强社会公众对于核心价值观的认同和接受。

传统孝文化和女孝文化着眼于个人最朴素的情感,与其他道德行为相比,更有利于从我做起。传统文化具有的教化、调控、保障、凝聚等功能更好地将核心价值观融入了伦理机制之中,以此培养个人的感恩之情及社会责任感,促使其转化为日常道德行为,做到从爱家尽孝到爱岗敬业再到爱国奉献。

三、社会主义核心价值观的培育和践行

培育和践行社会主义核心价值观是全党全国人民共同的任务，也是我国思想理论界最重要的课题之一。习近平总书记曾指出："要大力培育和弘扬社会主义核心价值体系和核心价值观，加快建构充分反映中国特色、民族特性、时代特征的价值体系……把跨越时空、超越国度、富有永恒魅力、具有当代价值的文化精神弘扬起来，把继承优秀传统文化又弘扬时代精神，立足本国又要面向世界的当代中国文化创新成果传播出去。"在这一重要论述中，习近平总书记明确指出了培育和践行社会主义核心价值观，必须要坚持的基本要求：立足中国又要面向世界，既要有全球视角，又必须体现中国特色，并在实践中把二者有机统一起来。因为中国特色社会主义核心价值观是中国共产党在马克思主义指导下，基于中国独特的孝道文化传统和现代文明在当下中国的基本发展趋势总结出来的。在培育和践行社会主义核心价值观的过程中，应遵循些一般性要求，这些一般性要求是符合全人类共同需要的，也只有尊重人类基本需求的价值观念才能长久地践行下去。

在社会主义核心价值观的培育和践行过程中，要反对那些把意识与思想强加于人的做法。思想的培育需要科学的方法，践行的过程即为检验真理的过程。要把自由平等表现在行动上，这样才能得到普遍的认同和理解，人们才会依照价值观的要求去践行。

在社会主义核心价值观培育和践行的过程中，可以多去寻找它与其他思想的共同点，通过借鉴，从而丰富社会主义核心价值观的感性材料，这相当于给它注入营养，让其可感可知，可以被人更深刻地理解和体会。孝道文化就是一个典型的例子，中国的孝文化资源丰富，孝文化体系已经在几千年的历史绵延中发展得较为完善，无疑是一个思想宝库。而更为可贵的是，比起照搬外国的文明思想，中国传统文化思想在取材和理解度方面都占有更大的优势。中国作为一个历史悠久的国度，传统文化资源丰厚，是社会主义核心价值观的深厚源泉。习近平总书记在中共中央政治局第十三次集体学习时指出，博大精深的中华优秀传统文化是我们在世界文化激荡中站稳脚跟的根基，也是社会主义核心价值观的根基所在。2014 年 3

月5日下午，习近平总书记又谈道："我们建设中国特色社会主义文化，树立核心价值观，必须弘扬民族传统文化，去找我们的精气神。"这番话道出了社会主义核心价值观的根本意义，它是一个国家、一个民族灵魂与精神的集中。作为一个内在要求方面的宗旨或者说纲领，社会主义核心价值观的培育和践行，自然和教育事业也是密切相关的。前文讲到了关于女孝文化教育的方式和其他相关内容，可以把它们运用到对社会主义核心价值观的培育和践行之中。

培育和践行社会主义核心价值观离不开对中国现实的科学认识和把握，并且应该以此为前提。中国的现实是建立在中国的历史之上的，中国的思想文化是继承先辈的智慧而留存下来的，对于这一点，应从根本的孝道文化方面去追根溯源。习近平总书记指出："当代中国价值观念，就是中国特色社会主义价值观念，代表了中国先进文化的前进方向。"就实践而言，中国正在建设的是中国特色社会主义，能与在中国传统中深深扎根的孝道文化接洽成功，因为它们是同源的关系，都属于中华民族的思想范畴。

东方孝道文化及传统思想文化对世界都有强大的吸引力，社会主义核心价值观在中华大地上散发出迷人的东方魅力。当前中国作为世界的第二大经济体，是世界上最大的发展中国家，社会矛盾仍然较为突出，社会生产力还处于比较落后的阶段，通过践行社会主义核心价值观，可以较快的速度实现社会生产力的提升和社会环境的净化，社会主义核心价值观中富强与和谐两点已经对这两种问题作出了最言简意赅而明确的指导。国民如果奉行孝的观念，内"孝"家族长辈，外"敬"党和国家政策，按照社会主义核心价值观的要求对国家进行建设、为社会环境变得更好而努力、加强自身修养，则国家富强与社会安定和谐都可以成为现实。古代奉行以孝治天下，如今的文明思想虽然增添了新时代的内容和要求，但是治世思想总是万变不离其宗，孝道文化在治人治世方面都体现了无穷的智慧。

孝文化是社会主义核心价值观的重要体现和践行载体，在社会主义核心价值观的培育之路上，孝文化为其打下了深厚的群众思想根基；在社会主义核心价值观的践行之路上，孝道文化给予了人们规范化的行为准则。孝道文化是中华儿女代代相传的，比新生的社会主义核心价值观更具有群众基础，更能为大众认同，通过孝道文化过渡到社会主义核心价值观，以孝为桥梁把核心价值观的理念带给全体中国人，这是孝文化对于培育和践行中国特色社会主义核心价值观的重要价值，社会主义核心价值观的培育和践行都在孝文化氛围的影响之下得以更好地完成。

第二节　有利于解决乡村"老有所养"的难题

　　随着人口老龄化趋势愈演愈烈，老年人的社会保障问题成了一个新的难题。尤其是在乡村地区，许多人缺乏对养老问题的正确认识，年老后物质生活困难重重，精神上更是窘困紧张。面对这种情况，提倡女孝文化建设也是一项有利于解决乡村"老有所养"问题的方法。

　　我们来看看乡村养老难问题的破解之法。黑格尔曾评价说："中国传统孝文化的核心是敬老养老，这个国家的特性便是客观的家庭孝道。"每个民族在其发展历程中都会面临"老有所养"的问题，在中国长达几千年的文化发展历程中，孝道文化引领中国社会，尤其是在乡村社会日渐形成了养老、敬老的家庭养老模式，这对于促进乡村社会的和谐发展有着十分深远的意义。目前，我国已经步入了"老龄化国家"的行列，而伴随着城镇化进程加快、城乡发展不平衡加剧等，"打工经济"逐渐兴起，家中青壮年外出打工，孤寡妇孺留在家中无人照应，人口老龄化的形势更加严峻。"留守儿童""空巢老人"这样的话题不断被提及，因为这样的群体正在不断扩大，他们不论是老还是幼，都得不到亲人的照料和陪伴，在物质上或许他们还会得到照应和满足，可是精神上的亲情缺失却是无法弥补的遗憾。对此，应该采取怎样的措施来帮助他们呢？社会各界已经展开了各种激烈的讨论。在提倡兴起孝道的环境中解决"乡村养老难"问题上，政府给予了引导，从精神和物质方面施加影响，比如加强乡村孝道文化建设，突出乡村孝道文化以养老为本位，主张物质赡养、精神慰藉、感情寄托相统一，将家庭行为内化为乡村行为规范，传承孝文化并对其创新，让孝文化符合地方特色、符合时代精神、符合人们的具体需要等。探索行之有效的乡村养老路径，就是破解当前"乡村养老难"这一问题的整体思路。

中华民族历来以孝文化作为传统家庭养老模式的精神基础，因此，现阶段乡村养老问题的解决不应该忽视孝文化的作用及影响。一方面，我们应根据乡村社会的现实，对传统的孝文化内容，有所扬弃，并提炼出符合我们当今需要的内容和精髓；另一方面，我们要对孝文化的合理部分进行传承和创新，让这些优秀文化融入当代养老保障制度之中。乡村养老制度体系建设理应充分重视当代乡村孝文化的导向作用，建立一种以当代乡村文化为依托，符合乡村社会养老模式，融合照顾看护、精神慰藉于一体的养老体系。传统孝文化中内含敬老和爱老之意，其中"赡养父母"是家庭道德义务，"尊敬师长"是社会伦理道德，"养老送终"是具体行为规范，它们都各有定义，共同成为传统孝文化的组成部分。人们谈起孝文化，自然就谈起这些内容，因为它们与孝文化是一体的，这些也都是维系父母与子女关系、家庭社会伦理的重要原则。《孝经》中说："孝子之事亲也，居则致其敬，养则致其乐……"这就是传统孝文化在养老方面的理想主张。如今我国乡村在孝道文化的践行方面存在一定程度的不足，一方面是由于我国乡村人口众多、工作岗位缺乏而城市有大量空缺岗位的人力物力分布不协调的客观环境所致；另一方面是由于人们的"老有所养"孝文化观念意识淡薄所致。从客观和主观两方面着手去处理问题，才能妥善解决乡村养老问题。如何用孝文化帮助解决乡村"老有所养"的问题？综合概述为以下几点内容。

一、鼓励从乡村走出去的人才回归反哺

如今国家扶持乡村建设，努力拉近城乡距离。然而该政策实施的背景是，城乡发展依旧不平衡，物质资源分布极为不均。国家认识到人才对于乡村振兴的重要性，明确要推动乡村人才振兴，就必须把人力资本开发放到首要位置，强化乡村振兴人才政策，加快培育新型农业经营主体，让愿意留在乡村、建设家乡的人留得安心，让愿意上山下乡、回报乡村的人更有信心，激励各类人才在农村广阔的天地大展手脚、施展所能。乡村振兴

涉及产业振兴、文化振兴、组织振兴、生态振兴与人才振兴等，而最为关键的就是人，人才是振兴乡村的中坚力量，乡贤是推动和实现乡村振兴战略的重要力量。乡村需要一批懂农业、爱农村、爱农民的人才队伍。作为从农村走出去的专家学者，是最符合这些要求的人才，他们与乡村唇齿相依、亲密相连，他们懂乡村，可以在乡村建设中发挥巨大的作用。所以，鼓励从乡村走出去的人才回归反哺是一条建设乡村的可行之路。每个乡村都有生于斯长于斯的乡贤，他们或者以道德品行榜样引领乡村乡风，或以学问学识闻达于乡里，他们极具桑梓情怀、故土乡愁，可引领一邑、示范一方，世代杰出的乡贤已经在中国形成了具有乡土特色的乡贤文化系统，为世人所传扬。

除了乡贤文化的传导，还要有孝文化的传扬。乡贤文化是让从乡村走出去的人们看到回来的好，这是许他们一个可以安心的将来，而孝文化更是他们愿意回到乡村反哺的理由，为了尽自己的一份孝道，为了自己与亲人之间浓浓的亲情，与家乡之间深厚的情感，从而放弃城市的繁华与物质享受，回到故土，致力于家乡的建设。孝文化能够给予人精神力量，就好像爱的力量一样。人们都说爱的力量是无穷大的，因此，孝文化的力量也是无穷大的。如果人人都持有孝道之心，无论最后是否真的回到家乡从事事业，都会心系家乡，也会努力为乡村发展尽一份力，以图回报自己的故乡和乡亲们。

这些被称为乡贤的人才回归反哺，不仅从社会角度为国家的乡村建设问题解了燃眉之急，更是为农村"老有所养"提供了人力保障。自古贤与孝总是一体，为孝道反哺而成为贤人，为贤者而居孝、事孝，这就是一个最简单的人伦循环。

如今针对选贤反哺已经开辟了多种路径：政府搭建良好的乡村平台和优待政策来"筑巢引凤"，成立乡贤协会，助力乡村振兴，实行"搭台唱戏""选贤入库"，即建立乡村乡贤人才库、成立乡贤文化研究会。实现"文化引领"的路子多了，渗透的层面也就多了，贤者反哺在一系列政策的鼓励和推动之下逐步走向规模化道路。农村人口老龄化和"老有所养"的问题将随着乡村建设人才的增加而得以缓解。

二、在农村设置更多公益性岗位

许多农村青壮年远离家乡外出打工也实属迫不得已。随着科学技术的发展，农业已经逐渐从人工走向半自动甚至全自动化阶段，实现了机械化生产、收割，不需要太多的劳动力。大量剩余劳动力闲置是一种浪费，农村青壮年在此情况下离家挣钱也是一种积极上进的表现，只是出现了"留守儿童""空巢老人""老无所养"等诸多社会问题。针对这种情况，在农村增设公益性岗位是一个比较好的解决办法。

公益性岗位的设置既缓解了乡村社会孤幼安置的问题，又促进了乡村人才就业。比如，建立乡村福利院、乡村敬老院、乡村学校、乡村联络站、乡村图书馆等，这花费不了太多资金，但可以给乡村一个更文明的环境，一个更体现人文关怀的环境，人们在这样的环境中虽然不能享受到如城市般奢华的物质生活，却既能领略乡村自然淳朴的生活气息，又能感受城市文明的精神风貌，还能解决乡村的诸多社会问题，好处不胜枚举。

三、传播孝文化：培养新一代人的乡情

要解决乡村"老有所养"的问题，最好的方法就是让乡村年轻人才回归，而让人才回归，除了给予物质上的安全感以外，更需要让人才有一种精神依托，这就是乡情。情感的力量可以拉近人与人之间的距离，那么人与地域之间也是一样，人对于一个地方的人有感情，则会对这个地方有感情，反过来，人对于一个地方有感情，则会对这个地方的人也有感情。人与地域已经连为一体，作为客体是一体，置身其中作为主体自然也是一体。一个人长久地生活在一个地域环境里，如果环境没有将之融为一体，那是环境的失败，也是这个人在情感上的一种缺失。传播孝文化，培养新一代人的乡情，这是作为施予力量的人主动发起的客体行为，作为客体要施加影响，应先做冷静的分析和思考，确定施加影响不仅仅可以在环境这一点上，还可以在人这一主体上。通过教育和熏陶等方式培养新一代人的乡情，方法有很多。

人与人之间的相识是从互相自我介绍开始的，人与乡村也可依照惯例走一遍自我介绍。作为一个人，熟悉自己的家乡，这是最起码的要求。家

乡不是很大，小到一眼就可看到全貌，家乡也不是很小，大到无法把握它的轮廓。孩子从小就应该在村里四处走，见识家乡的人情风物，认识乡里生活的美丽与快乐，这是从感性层面增进对家乡的认识和情感，有了这些认识之后，孩子在这个环境中的生活可以更顺畅。这样做，增进了人在环境中的如意感和愉悦度，也会让人对地域环境的情感产生积极的影响。所以培养人的乡情，首先是要让人在年少时就认识家乡，对家乡有一个好的印象。同理，对于家乡中的人，对于家人，对于自我在环境中的认知也同样需要这样一种初步认知作为基础，这也是为什么在义务教育阶段总是先让孩子们看到世界好的一面的原因。对于人与地域互相"自我介绍"这一步，需要有学校和家庭两方面的配合。带给孩子们一个美好的家乡童年吧，等到他们长大了，一定心有家乡，当怀着一颗热忱的心回归的那一刻，乡人与乡村才真正感受到养儿知恩、反哺稚子之心的可贵。

乡情是人在一定的地域环境中所得，是需要时间涵养的，乡情也需要通过一定的引导去进一步认识。我们曾学过余光中先生的《乡愁》，从诗人哀愁美丽的诗句中认识乡情，诗人把乡情诗情画意了，把乡情写进了美丽的句子里带给读者，这不知给多少游子带来启迪，这样的诗文是培养人的乡情的重要素材。乡情需要有情怀的传导者给予它一个充分合理的解释，通过释义让乡情走入人的情感领域，成为人精神世界所关注的某种存在，这个时候，情感才真正确立。

用孝道培养人的乡情，就是通过对人与家乡之间关系的教育，让人认识到家是自己的根，落叶尚且归根，人应不忘根本，就如吃水不忘打井人是一个道理。把抽象的内容叙述出来并举出实例告知于人，这是从理性的层面向人们提出要求，这样的孝道观念也是可以为乡村、为家乡留住人才的。对于孝文化的传播，应以具体故事的讲述为传播方式，这种方式浅显易懂，贴近百姓生活，能够吸引更多人的关注，从而引发更多人的内心共鸣，真正起到宣传的意义。

四、弘扬孝文化：营造大孝之风

"感动中国年度人物评选"活动，每次都会评选出当年震撼人心、令人感动的人物，在每个人的身上，都有一种让人感到心灵震撼的精神力量。

他们的形象已成为人们所期盼的一曲道德礼赞，一首精神史诗。

如果人们对于当下的生存状态并不满意，就会本能地对比从前。于是，时时刻刻有人怅然，认为时代的精髓在渐渐失去，人文情操正在沦落，从善之心已然不多。所以疾呼要寻回人最质朴的真诚，最基本的信赖，最该有的品德。

目前社会上的种种现象令人叹息，如见死不救、见利忘义、贪污腐化等，但也有令国人感动不已的人，比如感动中国的人物。"感动中国年度人物评选"活动已举办了十多年，许多感人事迹感动了亿万人真诚热烈的心，而感动过后则是令人大彻大悟：一个人应该树立正确的价值观，正确对待自己，正确对待他人，正确对待社会。这或许是向善之心实不缺而从善之人却日益稀的症结所在。

缺乏感动的世界，只会加剧各种各样的社会问题，包括"老无所养"和"留守儿童"。这些因为在家人无法照看的小环境下，没有一个大的环境替他们照顾好老人孩子，没有一个好的风气让这些弱势群体能够生活得更舒心快乐一些。要营造一个充满感动的世界，需要一些从善的意识和从善的勇气，对于这些，中国古代传统文化思想可以带给我们一些启迪和鼓舞。

中国古代孝道文化是道德文化的本源，将孝从小家大而化之于天下，那么孝则为大孝，爱则为大爱，大爱是什么呢？是善。善又应该是怎样的？它的对象是什么？善应该是遵从自我与他人共同利益的，它的对象应该是所有人。在佛教中，甚至把善的对象普及到了众生。也就是说，连动植物也包括在内。可动植物和人毕竟是无法达成有效沟通的不同主体，故以为，能将善普及至所有人，则可称为真善。大孝需要真善，营造大孝之风，需要普及孝的概念，弘扬孝文化精神。通过感动人物的榜样示范教育，通过感动事迹的宣传，带动人们效仿其精神，大孝文化将在一批用真诚之心对待生活、用大爱之心感动世人的先进人物带领之下走向光辉之路。弘扬孝文化，营造大孝之风，在好的社会风气及人文精神之中，无论是孤寡老人还是小孩都会得到好的生活，这样的生活不仅是物质层面的，更是精神层面的。在当今物质生活比较丰足的情况下，实现这样的环境构想具有十分重要的意义。

孝文化可育孝子，也可育孝文化环境，自然可以解决"老有所养"的问题。以孝治国不仅是古代封建王朝的治国之本，也可以成为当今处理社会问题的帮手。

第三节　有利于和谐社会的构建

中国自古以来主"和"的思想就十分突出。中国人喜欢太平、喜欢和谐，"和"是基于所有国人的整体之爱而提出来的，但是也有可能是在先古时代由巨大力量引导而形成的国人心性。"和"是一种追求，我们至今依然期待和谐，期待建立一个和谐的社会。在乡村，这样的期待在人们的潜意识里更为突出，女孝文化在其间起到了奠基和稳定的作用。孝文化有利于和谐社会的构建，这是基于孝文化有着内蕴"和"的观念且有着源远流长的历史、符合人本初意识的根源这样几点原因。要建立和谐的乡村和社会，一些基本的诉求和基础是发展的前提，这是本节需主要讨论的话题。

一、孝文化是和谐乡村发展的文化诉求

中国作为一个农业古国，其文化的产生和传承与农业文明的发展是一致的，乡村社会成为中国传统农业文明与文化的主要载体。研究乡土社会关系是构建乡村和谐社会秩序的必要前提。以血亲关系作为基础构筑的乡土社会关系，是中国传统乡村社会结构的主要特征。代际和谐是女孝文化的应有之义，女孝文化在维系乡村家庭伦理和乡村社会伦理的和谐稳定中发挥着十分重要的作用。而当代乡村女孝文化是促进乡村和谐发展的稳定器之一，也是乡村社会维持秩序的一道有力保障。

家庭是社会的细胞，中国文化的产生、发展与传承都与家庭之间的关系密切。家庭既包含在文化的内容之中，又是可以承载与传承文化的载体。中国重视孝文化、重视家庭的建设，乡村家庭的稳定和谐是乡村社会和谐

稳定的基础。女孝文化中较为充分体现家庭和谐思想的是"居家里，形成于内"，即在家应管理好复杂的家务，做到家庭和睦；在家中尽孝，于治家中养成良好的品德，促进家庭和谐。传统女孝文化非常注重女子个人品德的养成，通过孝的身体力行，实现家庭和谐。自改革开放以来，随着社会经济的发展，乡村出现了空巢家庭、孝道观念日渐淡漠等问题。但家庭组织仍然存在，代际关系依然需要调节，所以乡村女孝文化的存在仍然具有现实基础。孝顺不仅仅是对父母长辈的口体之养，还体现在与他人共处时的广敬博爱。女孝文化不仅可以让家庭和睦，还对邻里关系的和谐有重要的积极意义，比如《孝经》中所说的"教民亲爱，莫善于孝"。孝能够还原我们内心最直接、最自然的血亲关系。爱敬之情当从亲始，这是具有自然合理性的。

此外，传统女孝文化将这种自然血亲的情感传递给了他人，尊老爱己，共建和谐，主张的是"爱亲者，不敢恶于人；敬亲者，不敢慢于人"。以孝亲作为处理人际关系的前提，有利于个人道德修养的提升，将家庭内部形成的互敬互爱思想融入现实的乡村社会生活之中，有利于守望相助的和谐乡村关系的构建。因此，当代女孝文化在美丽乡村建设中是形成和谐乡邻关系的重要润滑剂。在农村妇女中推行女孝文化，会让一个个家庭在其熏陶之下变得和睦美满。一个个美好的家庭互相影响，农村就会变得和谐，而社会主义新农村就需要这样的文化来引导大家走上更加幸福的明天。因此，在农村推行女孝文化刻不容缓。

二、孝文化是文明乡风形成的重要基础

当代孝文化不仅对构建和谐家庭的代际关系有利，对构建和谐的邻里关系有利，而且对和谐乡风乡俗建设也发挥着积极而重要的作用。孝文化的全面要求是实现物质奉养和精神赡养相结合，做到养亲敬亲是作为家庭伦理道德规范的孝文化的应有之义。"老吾老以及人之老"是由己推人的孝亲思想，有利于和谐乡邻，有利于尊老爱幼及遵纪守法等社会风尚的形成，进而维护社会稳定。在农村推行女孝文化会使农村妇女这个群体受到最直接的教育和熏陶。在我国农村，乡风的形成很大一部分原因在于农村

妇女，她们对整个家庭的作用，她们之间的交流、她们的言行都为乡风乡俗带来了不同的色彩。如果她们接受女孝文化的感召，会表现出传统优秀女性的优点，她们会敬老友邻，身体力行地践行女孝文化，这样有利于文明乡风的建设。

讲伦理道德，敬老是道德的起点，也是道德修养的起点，它既能展现出一个人的道德品质，又能反映出一个社会的道德风貌。建立新型孝道模式，在农村推行女孝文化，庞大的农村妇女，乃至整个农村的精神、道德面貌就会发生很大改变，人们的品质会得到提升，再将孝道文化、女孝文化在全社会推广和弘扬，那么我们整个民族的文明素质都有可能得到提高，社会风气也会随之大大改观，社会将会更加安定和谐。这些都将成为一种动力，利于促进经济发展，如此，国家才能长治久安。孙中山先生曾说过："孝是无所不适的道德，不能没有孝。"因此，在和谐社会构建中加强乡村孝道文化教育非常重要。要做好乡村的女孝文化的传播工作，就需要从家庭到学校再到整个乡村，逐步开展孝道教育，统筹考虑，循序渐进。如此，农村人口的道德和思想素质都将得到提升，而且还能够对和谐温馨的乡村风尚的形成产生巨大的促进作用，为和谐乡村社会的构建提供有力保障。孝文化中"立身扬名，以显父母"的道德要求，在一定程度上也将有利于抑制社会中的不良行为，有利于社会的和谐稳定。因此，以当代乡村孝文化为主要着力点和重要抓手，加强孝道教育，传承和弘扬优秀的孝文化，这是形成良好社会风气，促进社会道德建设良性运行的重要基础。

三、孝文化是构建和谐社会秩序的重要手段

秩序是现代化推进的一个基本保证。中国在未来5～10年的发展历程中，可以以下三条路径促进文明和谐社会秩序的构建：突出政府作用；建立良好的社会秩序，加强社会治理；加强文明社会的建设。通过政府的统一规划及宏观调控实现秩序建设的目标，需要兼顾城乡两方面。由于城乡治安条件差距巨大，乡村对于和谐社会秩序建立的要求显得更为迫切。乡村和谐社会秩序的建立可以参考古代孝文化的治国策略。由于乡村文明

文化发展较慢，受古代封建传统思想的影响较深，受孝文化观念教育影响的程度较深，所以将现代思想和理论同孝文化结合起来，对乡村人群进行教育，从而促进社会秩序的稳定与和谐，这是建立乡村社会和谐秩序的一种简便途径。

我国人民对于构建和谐社会这一点有着共同的渴望，和谐能给人一种平静的精神氛围，在没有达到人人可自觉的情况下，只能够通过秩序及管理来实现表面的和谐，而即使是表面的和谐也不容易实现。从表面深入到人的精神内部，最终使人人达到慎独的境界，这需要时间和思想基础，这个思想基础可以是孝文化。

孝道中的三纲五常论是一种秩序的体现，在孝的传统理论之下，长幼有序、尊卑有别，既体现出压迫，又体现出秩序。比如在我国古代，女性地位比较低微，她们不能与男性同桌吃饭，很多事情都要以男尊女卑、长幼有序的观念来执行。虽然男尊女卑的观念随着历史的发展被摒弃了，但是对那个时代的人来说，他们已经有了这样的秩序观念，是当时社会秩序的一种体现，在当时具有现实意义。而像长幼有序这样的准则就沿用至今。在古人的思想深处，以上两种秩序是理所当然的，只要养成了这样的习惯，就自然地在生活中做出相应的行为。在现代社会，建立一种适合现代的、实际的、良性的秩序也是非常必要的，比如尊老爱幼，在公交车上给老年人让座，这就是我们孝道文化中的长幼有序的一种见证和传承，现代社会需要这样的秩序，也需要这样的精神。

结合当代的时代精神，将孝文化中关于秩序方面的内容取其管理之道，弃其封建不平等思想，然后经过一定整理，形成当代的孝文化读本、故事等素材，把孝道中的对于长辈深怀敬意、对于他人常怀关爱之心的内容传播到乡村社会，让乡村社会的整体秩序在人们的心中建立起来，即使没有强制力，人们也自发地愿意去遵守对他人有益、对社会有益的规定。其实，这也可以算是在某种程度上对集体主义思想进行培养。孝文化让人能够为他人着想，如果人人都是如此，则秩序井然、社会和谐，那些看似遥远的目标也就近在眼前了。

四、孝文化是乡村人文关怀的精神营养

美的事物不仅要有美的外表，还应有美的内涵。这是乡村为何需要人文关怀这一精神营养的原因。人文关怀是点亮人心的一盏明灯，人文关怀可以带给乡村一颗"和"的心脏，人与人的友善相待就是"和"的体现。而要在乡村推行人文关怀，离不开的是女孝文化的传播和发扬。

如今社会，经济及生活都发生了变化，呈现出本时代所具有的"四个多样化"的显著特征。在此情况下，坚持以人为本，将提高城市文明程度与满足群众的政治经济文化需要以最大限度落到实处，让不同阶层群体和群体中人们个性化的需求都得以顾及，这是帮助人实现全面发展，实现个体及社会和谐共处的内在要求。乡村在城市文明发展之后也提出了发展文明的诉求。文明的建立需要经历一定的阶段和步骤，和所有事物一样，打下一个良好的基础是最好的开始。在后面的发展成长阶段，如同人的生长，除了需要基本的物质，精神上的需求也是必不可少的，这就需要文化的力量，孝道文化、女孝文化就是首选。

人文关怀是建设和谐社会的内在要求。人文关怀的产生，与人类文明发展同步，人文关怀和人们追求和谐、渴望建设美好社会这一心理诉求相互适应。早在《易经》中就有"刚柔交错，天文也；文明以止，人文也。观乎天文，以察时变；观乎人文，以化成天下"的阐述。这里率先提出了"人文"一词，且提出了"文明以止"和"化成天下"的观点。在现代社会经济条件下，人文关怀已经从原本的侧重于教化，发展为深度强化对人的主体地位的肯定和尊重，对符合人性需求的满足，对人的生存状态、生活条件等各个方面的关注和保障。随着我国经济的发展，农村建设也在不断地飞跃，在物质上很多农村人已经得到了一定的满足，但是在精神上还比较空虚，需要安慰和关怀。这就需要人文关怀，因为无论从过去还是从现在来看，人文关怀都可以作为一种手段，让社会变得更和谐美好。建设美好社会需要依靠人文关怀的力量，人文关怀也是社会文明进步的重要体现，物质与精神都在其包容性与共享性中得到了更好的发展。人文关怀总是围绕群众利益出发，乡村群众对于自身利益的诉求可以在人文关怀中得到理解与尊重，而这样的一份理解与尊重能够给予乡村群众一份安全感和幸福

感，当然就有助于乡村和谐社会秩序的建立。

我们都知道孝道文化是最有力的关怀力量。在农村，女孝文化有着强有力的文化内涵，它承载着乡村人文关怀的重任。因为在女孝文化推行的过程中，会让农村妇女受到教育，让她们的道德品质得以提升，她们在照顾自家老人的过程中就会细致周到。农村的老人可以颐养天年，可以感受到来自家庭和社会的温暖，乡村的人文关怀才算是落到了实处。

如何在乡村中把人文关怀做好以实现社会和谐的目的？可以从下面几个方面来分析。

（一）保障群众的根本利益，建立关爱机制

社会需要实现全体社会成员的安居乐业作为其和谐的保证，这也是人文关怀的首要任务。因此，我们党和国家树立立党为公、执政为民的执政理念，积极建设为人民办实事的长效机制，让国家的保障深入民心。而且先后组织实施了多项人文关怀工程项目，并配套构建起民情反映机制、民主决策机制、责任落实机制、投入保障机制、督查考评机制等5项机制，努力让基层群众获得实实在在的利益。同时，在充分兼顾效率与公平的基础上，高度关注社会上一些弱势群体的特殊利益。围绕乡村就业困难的问题，建立关爱机制，一是帮助人鼓舞其信心，二是通过就业服务体系给予失业人员实际性的补助和指导，这些都可以促进社会和谐。在农村建立这样的关爱机制，就要为农村人的实际利益着想，比如现在很多农村妇女没有工作，没有经济来源，家庭经济很拮据。她们有的即使能够想到对父母尽孝，但在现实面前，并不能很好地践行女孝文化，国家建立的这些关爱机制，不仅解决了她们的经济来源问题，还在思想上对她们循循善诱，让她们在自身美好的家庭生活中去践行女孝文化，给予自己的家庭和老人、孩子、丈夫更多的关爱，这样就产生了一个个有温暖、有爱的家庭，关爱就无处不在。

（二）围绕群众的物质需要，建立服务机制

群众对于物质条件有着一定要求，这不仅是依靠商品来满足，还依赖于社会服务事业，为此，可建立社会服务机制，用服务机制给予群众广泛而系统的服务，其服务可以包括各方面的内容。以志愿者服务组织为补充，构建上下联动、左右联网的社会服务网络体系。一些居民足不出户，通过

服务网络就可以实现与外界的交流，这样帮助了许多行动不便的人，比如老年人或是有事不能外出的人。通过良好的服务为人们解决物质供给问题，这也是促进和谐的一种举措。人们在物质条件得到满足后，就会有更多时间追求精神层面的需求，哪怕是偶得清闲，也能够感受到人文环境中少了几分疲劳，多了几分闲适和惬意。

国家在这方面投入了大量的人力和物力，正逐步改善农村的物质条件。在 2018 年 9 月的一天，来自大山深处的贵州某地的老人们脸上都绽开了笑容。因为他们再也不用担心山脚下汹涌的金沙江会挡住他们外出的路。他们祖祖辈辈都是沿着细细的一根滑索在提心吊胆的过程中，面对湍急的河流，滑到江的那一边，心惊胆战地过江已经成了他们的家常便饭。尤其是在夜晚急需就诊的情况下，这样的危机感更加明显。随着这条江上修建的跨江大桥的落成，山里山外的人可以方便地串门，山里山外的东西可以快速地交换，生活就在这一刻发生了巨大的变化。随着我国各项建设事业成就的显现，随着我国经济的飞速发展，农村的物质建设方面也将突飞猛进，农村老人也将得到更多的关怀。

（三）围绕群众的精神需求，建立教育机制

教育是精神供给的主要来源，教育者主要来自学校和家庭。目前，国家正在切实加强教育阵地和教育队伍建设，健全以市民学校、文体活动室、文化广场等"六校四室一场"为主的教育网络，在建立群众工作者队伍、社区思想政治工作队伍、公德宣讲队伍和群众性文艺队伍的基础上，把提高公民思想道德素质作为目标，将分类施教的工作积极投入到实践当中。面向青少年、老年人、失业人员、外来务工者等对象广泛开展国民思想道德、科学文化、健康素质等各类主题教育。教育给人以孝道的认知和实际范例，教育给人以认识和思考的空间，教育是围绕人的思维成长而建立起来的精神之塔，是帮助群众更好地满足其精神需求而存在的。教育是一种规范化的宣传，这种宣传受到广泛的认可，形式更为正式，影响一般比较深刻。当人受到教育层面的人文关怀，便在知识与思维的摇篮中惬意驰骋，更能够从固化的思维模式与外在困境中解脱出来，而个人的精神层次提高了，以平和的态度应对世界的能力也就提高了。

在农村老人的精神需求中，孝道文化、女孝文化是重要的方面。试想，一个农村的妇女能够对自己的父母尽孝，对于老人来说，他们的精神世界就会多一份满足。因此，在女村妇女中对她们进行女孝文化的教育要采取合适的教育机制。随着现代教育理念的更新和教学方式及手段的多样化，这样的教育会取得越来越多的成效。政府相关部门通过科学的教育方式，建立适合农村妇女的教育机制，发动社会的各种力量来对女孝文化进行推广、宣传，形成社会的正能量和合力，就可以让老年人的精神世界得到更多的安慰，让他们安享晚年，从而建设一个具有关爱和人文气息的新农村。

（四）围绕群众的政治需求，建立凝聚人的机制

孝文化本就有使人团结和善的功能，孝文化对于人的凝聚功能在和谐乡村建设中正好可以利用起来。近年来，围绕落实群众的民主选举、民主决策、民主管理和民主监督权利，切实加强了制度建设。这样的制度建设使人心汇聚，在高参与度的选举环境中，民众的政治参与度和公平合理性都得到了更好的保障，而公平与合理的政治环境则可以使人心安定，促进和谐。

人文关怀总的来说是一种内能，发挥好了就会有无穷的力量。作为建设社会主义新农村、新环境、新风尚的绝佳帮手，人文关怀要以广阔的视野和博大的胸襟把秩序和安定撒播在中国的乡村发展之路上。

和谐社会秩序的构建是一件关乎国计民生的大事。农村建设和谐秩序，可以在空间上对发达城市的管理模式进行借鉴和引用，也可以在时间上对中国古代传统文化思想及孝文化精神理念加以整理和使用。从空间上借鉴优秀案例，从时间上借鉴文化经典，把需要被构建的个体用严实的框架与内容包裹起来，进行尝试与合并，甚至可以突破和创新，逐渐形成适合当下农村发展的和谐秩序。孝道文化本质上就有和谐功能和秩序管理功能，孝文化的影响力加入到现代和谐社会管理中来，这是一种借力行为，借用孝文化上千年的文化思想积淀为当代的社会主义核心价值观作补充，为当代社会主义社会的多方面建设提供精神的沃土和人员秩序管理的保障。

总之，孝道文化在国家的发展中对于人们精神世界的抚慰是很重要的，尤其是在农村推行女孝文化是重要的思想教育方式。我们可以预见，农村

妇女在女孝文化的教育和熏陶下，她们的观念会得到更新，她们的思想会提升到更高的层次，她们的生活也会更加充实和幸福。这样一来，她们的家庭就更加幸福美满，随之而来的就是越来越多的老年人能够享受夕阳红，享受天伦之乐。

第四节　有助于美丽乡村建设的持续发展

美丽乡村建设是党的十六届五中全会提出来的建设目标，并提出"生产发展、生活宽裕、乡风文明、村容整洁、管理民主"等具体要求。

美丽乡村建设要求是宜居生态的乡村环境，为此农业部开展了2014年中国最美休闲乡村和中国美丽田园推介活动。在乡村中要长久地实现美丽乡村的可持续发展建设，需要结合乡村文化、乡村历史、中国传统文化中激发人能量和动力的内涵，把乡村人的建设热情鼓舞起来，集中人的智慧，让美丽乡村在大家共同的努力筹建中真正越变越美，持续保有生态宜居的美好状态。

可持续发展是指满足当前需要而又不削弱子孙后代满足其需要之能力的发展。可持续发展还意味着维护、合理使用并且提高夯实自然资源基础，这种基础支撑着生态抗压力及经济的增长。可持续发展意味着在发展计划和政策中加强对环境的关注与考虑，而不代表在援助或发展资助方面的一种新形式的附加条件。可持续发展和我国乡村生态文明建设的目标不谋而合，为建设生态可持续的美丽乡村，如何动员更多的人力物力，如何建立一个更广范围、更全面的文明乡风环境，如何保证村容整洁，如何让精神文明建设同物质基础条件都不间断地有所提高，这些都是美丽乡村建设要考虑的问题。

孝文化对于美丽乡村建设中的精神文明建设方面有着重要意义，可以为美丽乡村建设要求中的"乡风文明、村容整洁、管理民主"等方面产生一定影响，进而影响到"生产发展、生活宽裕"等物质层面。孝文化是中国古代社会传承下来的思想，具有一些局限性，所以在前面只说"影响"二字而不说"积极意义"。需要明确指出的是，对于孝文化的内容，往往都是结合现当代主流思想来宽泛解释的，是以社会主义核心价值观为指导的一种辅助文化。下面就来讲一讲孝文化对于美丽乡村建设的精神文明建设方面有哪些重要意义，孝文化是如何帮助美丽乡村建设持续发展的。

一、孝文化是乡村和谐发展的稳定器

"中国要强，农业必须强；中国要美，农村必须美。"自改革开放以来，乡村经济得到了迅速发展，农民的生活水平也得到了很大提高。但是，与此同时，由于城乡二元结构的影响，城乡之间的经济发展存在着一定的差距。随着城镇化进程的推进，"打工经济"逐渐兴起，大批的农民进城务工，乡村原有的社会结构在此趋势下就此打破，乡村整体上呈现出半工半耕的发展特征。这样一种离土地而不离乡的经济形态为农民进城解决了后顾之忧。伴随着乡村社会的持续发展，村庄"空心化"、家庭"空巢化"、代际关系失衡、乡村天价彩礼等种种乡村社会问题逐渐显现出来，在社会矛盾的激化下越演越烈。这样的背景下，发挥孝文化在推进美丽乡村建设中的作用，有效解决乡村社会发展中的问题成了我们面临的必要课题。

就拿乡村天价彩礼的问题来说，在农村十分常见。随着我国经济和人民生活水平的提高，不少地区的农村和农民都摆脱了贫穷，但还是有一部分的家庭是比较困难的。很多在外面打工的年轻女人，她们的眼界开阔了，看到外面的世界或者见到了很多气派的婚礼和所谓"土豪"的阔气，受到了影响。有些人一味地追求物质，在即将举办婚礼之前会要求男方给很多的彩礼。殊不知，这样会导致男方家庭经济窘迫，也会给年轻人自己的感情和未来的生活带来很多困扰。如果这类女性能够学习女孝文化的精髓，能够在女孝文化的教育下感受一个家庭和一个母亲抚养孩子的艰辛，去领悟一个未来的儿媳应承担的家庭责任，那么她们就不会提出那么苛刻的要求，天价彩礼也就不会或很少存在了。所以女孝文化的推行对于乡村的和谐至关重要。

孝文化作为乡村和谐发展的稳定器，对促进乡村发展、促进美丽乡村建设，有着重要的意义和作用。虽然有的学者认为，如今的乡村社会的"乡土本色"逐渐淡去，后乡土性的色彩越来越明显，"后乡土中国"已经来临。但是，"熟人社会"的乡村特性，并不会随着社会发展而彻底改变，以和谐代际关系为核心的孝文化仍然具有深厚的乡土土壤。在乡土社会中，这种以"己"为中心而形成的"亲亲也，尊尊也，长长也，夫妇也，朋友之交也"的社会结构或差序格局是不会变的。

二、孝文化是美丽乡村建设的润滑剂

孝文化在完善乡村社会治理体系方面，具有十分重要的作用和意义。正如费孝通先生所言："在一根根私人联系所构成的乡土社会范围里，每根绳子都被一种道德要素维持着。从己推出的过程里有着各种线路，最基本的是亲属：亲子和同胞，相配的要素是孝和悌；另外一条线是朋友，相配的要素是忠信。"

"百善孝为先"充分体现出孝文化的德行教育具有优先性，孝的教育是以德的教育为主要内容的。孝道具有道德约束作用，这种道德约束能够维持乡村社会的和谐稳定。中国乡村社会以宗法群体为本位、以村落为载体、以亲属关系为主轴，这是一种差序格局。在此格局之下，充分发挥孝文化教育在乡村治理中具有"化民成俗，教民成人"的独特优势。加强当代乡村孝文化建设，对切实解决乡村社会发展过程中产生的养老和留守儿童问题，具有直接的现实意义。

三、孝文化是美丽乡村建设的指南针

对于建设美丽乡村的方向，党和政府已经提出了规范标准，但是对于这些标准的准确把握和理解，还需要具体情况具体分析。美丽乡村是在被孝道文化、女孝文化哺育的土地上建立起来的，因此应该遵循孝道文化特别是女孝文化，这些既符合文明社会的管理要求，也符合当今时代的文明建设需要。

女孝文化中有一些关于秩序建立的指引，比如长幼有序、孝敬父母或公婆等，这些内容就可以写入现代乡村文明管理条例中；在乡村中建立尊老重贤的良好乡风文化，从而促进乡村的和谐与美好。现今，乡村里的男子时常外出务工，留下父母、媳妇和孩子在家，媳妇处于成年未老的年龄层，也就成了家庭中的主要劳动者和责任承担者，她们既需要照顾好老人，又需要照顾小孩，的确是比较耗费心神的。但即使在这样的处境中，媳妇也未必能时时刻刻得到体谅和尊重，尤其是在家中，公婆是长辈，媳妇需要尊敬公婆、孝敬公婆，就如同敬爱自己的亲生父母一般，不能和老人家争吵对抗，惹他们不高兴。这既是妇德，也是如今文明社会所讲的尊老之基本美德。一家人虽然暂时分离，但仍然同心和睦，这也算是实现了和谐美好的乡村建设要求。

护好生态、抓好产业、注重创新、把握均衡、凝聚力量是实现生态宜居美丽乡村建设所需要践行的行动纲领。其中，凝聚力量是需要孝文化出大力的地方，运用好了孝文化的影响力，便可以事半功倍。通常，老人们在一个地方待了一辈子，对于当地的感情不仅是自身对于地方的热爱，还有他们祖祖辈辈对于那方土地的眷念，因此如果没有遵循老人的意见而强行进行美丽乡村建设，那就谈不上是对老人行孝。

在建设美丽乡村的过程中要充分考虑老人的实际需要，充分采纳老人的意见和建议，比如一些古镇、古城的建设，不能一味地照搬新城市建设的方法，完全丢弃它们本来的面貌，而是要对其进行保护，在保护中建设。只有这样，才是尊重当地人的意志，尊重当地老人的意愿。我们需要让老人们对自身生活环境的建设产生极大的热情，让他们参与进来，并感受到在环境建设中自己所拥有的发言权、参与权，从而群策群力建设更加美好的未来；让他们感受到自身的价值，也感受到在乡村环境建设中他们得到的关怀；让孝道文化、女孝文化在新农村的建设中更加耀眼夺目。

关于生态宜居美好农村建设的实例，我们来看云南省大理市推进洱海流域综合治理，落实乡村振兴战略这一案例。大理市生态环境良好、历史文化底蕴深厚、民居风貌传统，洱海流域的乡村不仅以此面貌散发出独特的魅力，更以其宝贵的资源为当地实现乡村振兴战略预备了条件。大理市实施美丽乡村建设，致力于建造具有生态美、环境美、山水美等全方位美观为一体的乡村。而在传统文化中，必不可缺的就是孝道文化和女孝文化。因此，只有将这些文化的精髓运用到乡村建设中，才能促进乡村一步步地发展壮大，展示出自身的巨大魅力。

从自然生态环境来看，大理市"七分为山、一分半为洱海、一分半为平坝"，保护与发展的矛盾十分突出。加快乡村振兴，是大理市加强洱海保护治理、推动高质量跨越式发展的必然之选。大理市坚持政府引导、规划先行，以问题为导向，以制度为根本，激发广大村民积极主动参与和创造，激活乡村振兴内生动力。政府引导、规划编制、环境整治，这些都是与管理相关的实施流程，其中需要动员者的参与，需要建立符合人们内心认同感的规则和秩序，那么，怎样才能建立符合人们内心认同感的规则和秩序呢？这就需要唤醒人们内心的孝道文化。孝道文化在这些淳朴的乡民心中已经根深蒂固，也为这种秩序的建立做好了说服工作，通过一定的引导，村民们对于建设自己家乡的热情高涨，积极参与劳动，响应建设工作。

美丽乡村的建设除了从生活环境方面考虑，还可以从乡村经济发展角度考虑。经济能力提升了，人们的生活水平也就提高了，物质丰富程度也会有质的飞跃。如今洱海有许多乡村以旅游助收入，这是勤劳朴实的当地人民用双手创造出来的，同样也得益于他们本土精神中的孝道文化，没有孝道文化就不会有淳朴的民风。反过来，因为经济效益的提升，又让他们更加地关注精神内核，注重人文关怀，更加努力地尽孝道，推行女孝文化。可以说，经济和文化互相促进、互相影响。

随着乡村经济的发展，人们的生活水平也不断提高，更多人能够从经济问题中解脱出来，用更多的精力去关怀自己的家人。比如，一些洱海村民，夫妻两个在自己的家中就可以创业，不仅有利于他们照顾一家老小，而且夫妻、家人都团聚在一起，其乐融融。这些妇女们生活富足，有更多的闲暇时间去学习女孝文化，进而互相影响，形成更加质朴、可贵的乡村女孝文化。

乡村建设的最美之处在于乡风淳朴、乡情动人，而这样的美正是围绕传统孝文化建立起来的。村落的信息沟通一般较为封闭，导致传统文化思想在古朴村落中保留得更加完整，孝道文化在这样的环境中如同美酒佳酿，更显醇厚真实。因此在现代乡村建设中，不要用现代的思维来打破传统的乡村文化，因为这是在保留乡村特色，创造乡村独特之美。

美丽乡村建设是依循一定的建设思想展开的，孝文化是指导思想的根基与源泉之一。在现代乡村建设中，孝道文化、女孝文化的影响是潜移默化的，它们营造出古朴的民风。反过来，这样的民风又促进了当地女孝文化的发展。只有具备文化内涵的乡村才是真正的新型乡村，因此孝道文化、女孝文化对于美丽乡村的建设也具有指导意义，指导乡村人民走向一个更好的未来。也许一个善意的微笑、一个对老人搀扶的动作就足以让一个远道而来的客人对乡村产生留恋之情，因为他们在这里不仅感受到了自然风景的魅力，更加感受到了本地孝道文化的深厚根基。

四、美丽乡村建设中孝文化的实践

孝文化有助于美丽乡村建设，这样的助力总是在实施过程中得以发挥并产生作用。在美丽乡村建设中，孝的实践给予了乡村文化以秩序感与幸福感。

（一）建设孝文化传播站

孝文化传播站除了宣传孝道文化以外，还可以处理相关事务，从整体上处理乡村家庭、邻里之间的矛盾关系，缓和乡村社会的人际冲突，增强人际和谐度。也就是说，孝文化传播站既是一个帮助实现孝文化传播的工作站，也是一个帮助协调村中人际关系的管理型工作站。多功能的职能设置既是从工作内容的关联度方面考虑，又是从工作岗位的任务饱和度方面考虑。孝文化传播站作为一个协调人际关系与孝文化宣传教育的专门站点，将持续为农村孝文化建设出力，持续为美丽乡村的良好精神风貌建设出力。

现在国家对农村基层文化站的建设扶持力度不断加大，投入了更多的人力和物力。在农村基层文化站的建设中，我们的孝道文化可以逐步地得到推广，让更多的人参与其中，让他们的品质和修养得以提升。尤其要组织更多的妇女参加女孝文化的学习，让基层文化站成为女孝文化的加油站。同时，要根据当地的情况，采取适当的措施，灵活教学，比如可以对她们的技能进行培训，提升她们的赚钱能力，提高她们的经济独立能力；在培训中对她们因材施教，在教会她们技能的同时传授女孝文化，这样就会达到事半功倍的效果。

（二）组织公益文化活动

城市中建立了多种养老保障机构、福利机构，公益文化活动频繁。公益文化活动对物质条件要求不高，可实施性强，具有传播正能量、增强社会凝聚力、增强社会幸福感、提升公众思想道德观念等作用。文化活动可以孝心传递为中心，以传统文化思想和现有秩序结构为框架，在组织活动中把建设美丽乡村的话题引入，实现文化活动与孝道教育互相促进。随着我国农村经济的发展，以及国家对农村各项建设的投入增加，公益文化机构和公益文化活动在逐步地向乡村延伸，越来越多的女村妇女也参与其中，她们在生活之余也有了更多的乐趣和精神寄托。这样就十分有利于在农村推行女孝文化，将一些关于女孝文化内容的活动在农村中进行传播，在潜移默化中，她们会受到感染和教育，素质会得到提升。

（三）建立学习机构

给予乡村女子学习文化的机会，这对于她们来说是难能可贵、值得珍惜的。目前我国的义务教育虽然已经得到普及，但是生活在农村的妇女，整体文化水平仍然偏低。文化是"立思"的基础，文化教育给予人更为开阔的思路，接受过良好教育的女子更能够理性地谨守道德和孝敬之道。建立这样的学习机构并设立不同于全日制的文化教育课，而是类似于大学选修那样的自主选择时间和课程的教育模式（如同业余学校、夜校），这样可以适应农村妇女的生活节奏，毕竟她们是有自身家务的成年个体，而这样的孝文化及基础文化教育在内容上一般应抓取重点而不注重小学生一般的基础奠定，所以课时总长也相对要少得多。可以鼓励安排一个乡或一个生产队的人在一个点学习，这样"同学"之间相熟度高，学习热情也会高一些。

在农村建设女子学习机构，从表面上来看是比较难的，因为她们之中很多人不重视学习，尤其是针对学习女孝文化，很多人会认为这对自己没有用。因此，在建立学习机构的时候，一定要注重与她们的生产实践结合起来，让她们心甘情愿地产生主动学习的念头，这就成功地迈出了第一步。

孝文化是美丽乡村建设可持续发展的重要助力，它以自身之效能服务于当今社会文明的建设，如同一个经验丰富的老人在指导着后生晚辈们领悟生活的真谛。在农村推行女孝文化的方式是多种多样的，虽然会有很多问题、难题阻挡我们前行，但是考虑到农村的需求，考虑到女孝文化在农村中推行的诸多利好，这些难题和问题并不能阻挡大家前进的步伐。只要国家、社会、个人都承担起相应的责任，就会有越来越多的乡村变得更美、更有爱、更加和谐。

第六章

老龄化趋势下女孝文化传承遇到的困境

第一节 老龄化趋势下传承女孝文化的意义

一、传承女孝文化的意义

在中国传统社会里，"孝"与"义"是最重要的伦理规范，在传统道德规范中亦有着特殊的不可取代的地位和作用，且深深植根于中国传统文化的土壤里，成为支配人们行为的准则和评判人们道德的标准。可以说，中国传统文化是孝与义结合的文化，中国传统社会是奠定在孝与义基础之上的社会。"孝顺"是儒家道德实践中最基本的德行，对男性与女性而言均有重要作用，但以往学术界多集中于对孝文化概念或演变、孝道起源、各个朝代孝义文化发展的特点及男性孝顺行为进行研究，对于女子孝行的研究甚少。男性与女性虽然同受孝道的规范，但在具体行为中，却有明显的不同之处。通过对女子孝行的研究，一方面可扩充对中国传统孝道主体研究的范围，展示女子履行或违背孝道规范时国家、社会、家族的反应；另一方面希望能取其精华、去其糟粕，发扬中华民族宝贵的文化传统。

在中国传统文化中，孝不仅是"善事父母"的日常伦理规范，还是中国传统文化中集道德观、人生观于一体的价值核心。"万恶淫为首，百善孝为先"，体现了人们对孝在中国传统文化以及伦理道德体系中的地位的认同。而女子孝行又是整个孝文化中不可缺少的重要组成部分，因此通过研究女子孝行，可以更加全面、透彻地了解中国孝文化。同时通过对女孝中一些过激行为的分析，有助于我们去其糟粕，不断与时俱进，发扬现代社会所需要的孝道，传承中国文化精髓。

二、传承女孝文化的现代价值

千百年来，女孝文化被奉为中华传统文化中的经典，传承和发扬女孝文化有助于我们探索和研究我国传统美德的内涵与价值。在社会主义和谐社会建设过程中，女孝文化也发挥着积极的引导作用。

一是有利于深化女孝文化理论研究。长久以来，女孝文化在中华传统文化中占据着重要的地位。随着社会经济的发展，传统女孝文化的内涵呈现出更加丰富多样的特性。对女孝文化的深入研究，既可以让女孝文化发扬光大，又可以在实践中弘扬和发展女孝文化。

二是有利于丰富传统道德文化理论研究。国家的发展离不开传统文化的支撑。千百年来的国人，身易碎，而魂不灭，形易散，而神仍在。《易经》中有这样一段描述："人文，人理之伦序，观人文以教化天下，天下成其礼俗，乃圣人用贵之道也。"正所谓国民之魂，文以化之；国家之神，文以铸之。国家的发展、民族的强盛离不开传统文化的支撑，女孝文化作为中华传统道德文化的核心之一，是中华文化5000年的沉淀与凝结中蕴含的人生智慧、价值观念、道德理想、情操境界。

三是有利于孝老、爱老、敬老观念的树立。随着时间推移，我国逐渐步入老龄化社会，随之而来的养老方面的问题也日益突出。虽然我国改革开放后取得了举世瞩目的发展成绩，但目前仍处于社会主义初级阶段，与世界发达国家相比还有很大差距，社会保障制度特别是乡村社会保障制度仍需要不断地完善。这就需要每个家庭、每个子女都承担起赡养老人的义务，弘扬中华民族传统美德，树立尊老敬老的时代新风，也是我国建立具有中国特色的养老体系的道德保障。传统的女孝文化，能够帮助人们从小树立孝老、爱老、敬老的思想，有助于在全社会形成养老、爱老的良好社会风气。

四是有利于构建和谐稳定的家庭关系。"首孝悌，次见闻"，人类一切教化的开始都是孝。作为人性道德之基、人伦之根本，继承和发扬女孝文化有利于家庭的和睦。父母慈、子女孝，其乐融融的团圆情景是每个人都向往的，只有这样才能"老吾老以及人之老，幼吾幼以及人之幼"，把仁爱之心洒满人间。每个人的成长之路都是由家庭关系开始的，这是人类关系的基础，父母、子女之间的关系是家庭关系中最为基础的，只有处理好这个关系，才会有和谐稳定的家庭。

五是有利于提升女性自尊自重的自我修养意识。古代的"三从四德"是套在女性头上的沉重枷锁，但其中对女性仪态修养的劝诫却有着积极的意义。《女诫·妇行》中云:"女有四行,一曰妇德,二曰妇言,三曰妇容,四曰妇功。……清闲贞静,守节整齐,行己有耻,动静有法,是谓妇德。择辞而说,不道恶语,时然后言,不厌于人,是谓妇言。"然而当今社会有些女性行为举止夸张,污言秽语,没有淑女文静之闺范。"盥洗尘秽,服饰整洁,沐浴以时,身不垢辱,是谓妇容。"现代女性爱美之心日益突显,这本无可厚非,但有些人过于追新求异,身着奇装异服,故意吸引人的眼球。"专心纺绩,不好戏笑,洁齐酒食,以奉宾客,是谓妇功。"操持家庭中洗衣做饭、缝补浆洗、针线绣花、纺纱织布等家务是传统女性必须擅长的事。如今生活日益现代化,不必再事女红,但有些女性安于享受、疏懒于家务,更有甚者连最起码的自理能力都没有,不得不令人心生感慨。

第二节　当前女性践行孝文化的现状

随着我国经济的发展,与世界的联系也不断加强,不少外来文化的糟粕侵蚀着我国优秀的传统文化,很多人对于传统的孝道文化也逐渐变得陌生,这是十分令人心痛的。有些人认为,中国古代孝道文化的一些内容比较落后,跟不上形势,但是实际上他们只是看到了古代孝道文化的缺点和不足,却没有将其精髓理解透彻,更未很好地实践。这对整个社会来说并不是一件好事,因为随着我国逐步进入老龄化社会,孝道文化的重要性日渐凸显。尤其是在我国的农村地区,广大老年人的养老问题是一个让人头疼的社会问题,因此在农村推行孝道文化势在必行。

根据调查资料显示,截至 2018 年年底,我国 60 岁及以上的老年人口约 2.5 亿,占总人口的 17.9%,其中大约 60% 的老年人生活在农村,养老问题日益突出。那么,要让老人能够颐养天年,最重要的一点就是其子女必须尽到赡养、照顾的义务,对他们尽孝道。要知道,大多数农村老人没有经济来源,几乎完全依靠子女照料。因此,农村的养老问题往往比城市更加尖锐。

从经济方面来看，一方面农村的经济落后，子女的收入普遍较低，很多家庭入不敷出，对老人的照顾更是有心无力；另一方面老人的实际情况令人担忧，有的没有经济来源，有的身患疾病，甚至没有自理能力，面对这样的情况，农村的老人就更加需要子女的照顾。子女的家庭没有条件支持，老人又迫切需要照顾，这个矛盾就为农村孝道文化的传播和发展带来了阻碍。

从思想文化方面来看，农村孝道文化的推行比较困难，尤其是女孝文化发展的阻力更加突出，这就使得不赡养、不尊重父母的事情时有发生。在这种情况下，农村地区的社会精神文明建设迫在眉睫。只有尽快提升农村妇女的思想水平，孝道文化才能够真正地在农村传播和发展。孝道文化是必须要推行的具有实际意义的文化，对农村乃至整个社会的发展都有长远的意义。

从实际情况来看，我国对于农村的孝道文化、女孝文化的重视程度还不够。虽然我国在《中华人民共和国宪法》《中华人民共和国婚姻法》《中华人民共和国老年人权益保障法》中都对老年人的赡养问题作了规定，但农村地区老人的赡养问题不容乐观，不关心老人、辱骂老人的行为时有发生，所以随着社会的发展，必须要建立更加完善的养老制度。

一、农村女性孝道现状调查

为了了解农村子女践行孝道的真实情况，2016年5月至7月，调查人员深入河北保定的曲阳县、阜平县、唐县、安国市、涿州市等5地进行调查。这5个地区经济发展水平各异，因此能代表5种经济发展水平不同的农村地区的孝道践行现状。当然，本次调查也考虑到了农村妇女的文化水平及农忙等各种因素的影响，所以调查的方式以问卷调查法和个别访谈法为主。问卷共发放500份，回收486份，有效问卷为479份。本次问卷调查中，抽取了不同年龄段的人作为调查对象：年龄在20～30岁的有115人，占总调查人数的23%；年龄在30～40岁的有197人，占总调查人数的39.4%；年龄在40～50岁的有133人，占总调查人数的26.6%；60岁以上的有 55 人，占总调查人数的 11%。

　　此外，调查组为了将农村女性孝道问题反映得更为清楚、直观，在编写问卷时专门查看了河北电视台农民频道的《非常帮助》栏目资料。该栏目主要是为了调解河北省各地农村纠纷而设立的。调查组主要选取了 2015 年 6 月至 2016 年 6 月发生的纠纷事件，共计 477 件。在这些纠纷事件中，涉及父母养老问题的多达 182 件，占总事件的 38.16%。但这些养老纠纷事件也分原因：因子女不和而造成父母养老困难的案例有 60 件，占养老纠纷事件总数的 32.97%；因父母财产分配不均而造成父母养老困难的案例有 44 件，占养老纠纷事件总数的 24.18%；还有其他情况，如农村父母子女多，但老人最终无处养老的纠纷事件有 9 件，占养老纠纷事件总数的 4.9%。从这些统计情况来看，造成农村父母养老困难的原因有很多，但归结起来，最根本的原因还在于农村子女思想道德的缺失。而且通过这次调查发现，农村的养老问题尤其与该家庭中女性的道德素养紧密相关。接下来我们针对以下几个方面的调查来看一下农村的养老现状。

（一）物质赡养方面

　　对老人物质层面的赡养，是女性践行孝道的最基本要求，当然也是最低层次的要求。

　　通过对调查问卷的分析，我们了解到，在回答"您对老人是否应该尽赡养义务"这个问题时，有 18.49% 的调查对象选择了"相当应该"，65.55% 的调查对象选择了"非常应该"，共占调查对象总数的 84.04%，这充分说明了农村女性是认同赡养老人是自己应尽的义务的。

　　在回答"婚后是否愿意和公婆一起居住"这个问题时，只有 25.6% 的被调查者回答"愿意"，剩余的人中，67% 的人回答"不愿意"，还有 7.4% 的特例情况，回答"都可以"。由此可见，大多数的女性在结婚后是不愿意跟自己的公婆一起居住的。在问到原因时，被调查的人员多表明，因生活观念和教育孩子的方式不同，跟老人一起居住有可能会产生矛盾，破坏家庭关系。

　　在"是否曾主动照料公婆日常生活起居"的问题上，6.3% 的人回答"很多"，15.7% 的人回答"比较多"，34% 的人回答"一般"，还有 40% 的人回答"比较少"，剩余 4% 的人则回答"几乎没有"，在这些被调查的人员中，只有2%的人主动并且经常照顾公婆的日常生活。在大多数女性看来，在有必要的时候会照顾公婆的生活起居，如果没必要的情况下还是不愿意照顾老人的日常生活的。由此可见，农村的老人，只有少数人能得到子女的主动照顾。

还有一个现象在农村很普遍，那就是分家，即子女和老人分开独自生活。在"如何供养父母及偿还家庭债务"这一问题上，13.7%的被调查者回答"愿意给父母提供钱财，且共同偿还家庭债务"；19.13%的被调查者回答"父母养活了自己，作为子女愿意承担并偿还债务"；45.41%的被调查者回答"可以承担供养父母的责任，但不承担家庭债务"；18.6%的被调查者回答"假如父母有能力自养，那么作为子女，只提供辅助承担责任，假如父母没有能力了，那么子女将全力供养"；剩余的3.16%的被调查者则回答"将父母为自己所做贡献的情况作为依据，视情况承担供养责任"。

（二）精神方面

赡养父母并非仅仅提供物质基础，因为"养心"比"养体"更重要。所以，调查人员为了了解更真实的情况，便在问卷中提出了以下四个问题。

问题一"是否和公婆吵架"。在该问题上，35.3%的被调查者回答"经常和公婆吵架"，31.7%的被调查者回答"偶尔"，20%的被调查者回答"很少"，只有13%的被调查者回答"几乎没有"。

问题二"是否干涉父母生活习惯或个人爱好"。在该问题上，24.7%的被调查者回答"经常干预"，17.4%的被调查者回答"一般"，41%的被调查者表示自己"很少干预"，还有13.6%的被调查者回答"极少干预"，剩余3.3%的被调查者则表示"支持父母的习惯和爱好"。通过这样的调查可以发现，大部分子女还是不干涉父母的生活的。

问题三"是否将父母当作免费的保姆"。在该问题上，只有个别人回答"是"，占被调查总人数的1.51%，14.01%的被调查者回答"经常"，23.86%的人回答"偶尔"，33.71%的被调查者回答"很少"，26.91%的被调查者回答"几乎没有"。由此可以看出，大部分人员还是比较关心自己父母的，所占比例能达到60.62%，在他们看来，赡养自己的父母，报答父母的养育之恩，本就是作为子女的责任，是自己的分内之事。

问题四"节日是否为父母送上节日祝福"。在该问题上，只有30%的被调查者回答"很多"，15.7%的被调查者回答"比较多"，回答"很少"的被调查者占总数的33.3%，剩余21%的被调查者则回答"一般"。

（三）尽孝情感方面

在问及"您是否愿意主动与父母交流，以了解他们的想法和感受？您是否感激父母的养育之恩？您对父母有过冷淡和疏远吗？当父母说话直接或说错话伤害到您，您是否愿意保持宽容？您是否关心父母的身体健康？"这5个问题时，相当愿意和非常愿意主动与父母交流，以了解他们的想法和感受的比例占75.96%，相当感激和非常感激父母的养育之恩的比例占88.6%，对父母说错话相当愿意和非常愿意保持宽容的比例占69.57%，相当关心和非常关心父母身体健康的比例占92.11%，而经常和一直对父母冷淡的比例占9.65%。这充分说明了农村女性作为女儿对父母有深切的感恩之情，时刻关心父母的身体健康，愿意主动和父母交流，并对父母保持宽容，是尽孝情感丰富的表现。

在问及"您是否愿意主动与公婆交流，以了解他们的想法和感受？您是否感激公婆对家里的照顾？您对公婆有过冷淡和疏远吗？当公婆说话直接或说错话伤害到您，您是否愿意保持宽容？您是否关心公婆的身体健康？"这5个问题时，在日常生活中相当愿意和非常愿意主动与公婆交流的比例占43.99%，相当感激和非常感激公婆对家里的照顾的比例占62.2%，相当愿意和非常愿意对公婆保持宽容的比例占44.25%，相当关心和非常关心公婆身体健康的比例占47.21%，而经常和一直对公婆冷淡和疏远的比例占30.43%。这些数据说明了农村女性作为儿媳对公婆是有一定尽孝情感的，并在与公婆的相处过程中相对融洽。

（四）尽孝意志方面

尽孝意志是指女性在对老人尽孝的过程中自觉克服一切困难和障碍的毅力。在考察女性的孝德意志时，问卷主要是从遇到老人长期卧床不起、无法自理，需要子女长期照顾，并在照顾老人的过程中与其他兄弟姐妹之间发生了利益纠葛，且自身又遇到了经济紧张问题时，能否克服这些困难一如既往地照顾老人等方面来考察的。

通过对调查问卷的分析，我们了解到，农村女性在遇到父母长期卧床不起、无法自理的问题时，一定能做到亲自照顾父母到终老的比例为55.56%，这说明女性作为女儿有相对持久的尽孝意志。

女性作为儿媳在遇到公婆长期卧床不起、无法自理的问题时，一定能做到亲自照顾公婆到终老的比例为30.97%，这虽然与作为女儿时的尽孝意志相比有一定的差距，但也在一定程度上反映出女性作为儿媳也有一定的尽孝意志。

（五）尽孝行为方面

女性作为女儿在孝敬父母时，不仅能够做到以定期探望父母的方式去帮父母做家务，为父母买生活必需品，还能做到愿意主动和父母交流，关心父母的身体健康，尊重父母的想法。尤其是当父母生病住院时，女儿不仅是床前的主要伺候者，还是父母情感的主要寄托者。这些都表明了广大女性作为女儿时有相对全面的孝德行为。

女性作为儿媳在日常生活中照顾老人的生活起居，关心老人的身体健康，涉及和老人有关的事情时积极与老人商量，为了感激老人对家里的照顾在逢年过节时为老人买衣服、买食品等行为，都说明了广大女性作为儿媳对公婆有一定的尽孝行为。

二、当前农村妇女孝道现状调查结论

通过本次调查笔者发现，农村存在女性孝道缺失的问题，因此女性孝道建设刻不容缓。但因各地情况不同、人员知识水平不一等问题，孝道建设也面临着严峻的挑战。孝道建设和其他文化建设一样，呈现出两面性，无论是对个人、家庭乃至社会的发展，都会产生重要影响。

（一）当前农村女性孝道的主流是积极的

在农村，由于经济发展水平的限制，养老和敬老的任务主要落在了女性的身上。在父母尤其是公婆的日常起居中，大部分女性都表示愿意帮助他们做家务，或者代替他们做一些他们力不能及的事情；而在敬老方面，部分女性表示能够尊重父母的生活习惯，平时对待父母多以温和的态度，及时关心父母的身体状况。遇到传统节日时，大部分人表示会给父母准备一些礼物，希望父母能有个好心情。

通过对收回的有效问卷进行分析，我们发现，大部分女性对孝道还是非常关注的，只是因受传统思想和经济基础的影响，她们把孝道的关注点放在了物质养老上，认为敬养父母就是为其提供很好的物质基础，而忽略了精神养老这一方面。在众多的被调查者中，大部分人认为养老、敬老本就是子女应尽的义务，同时也是体现一个人德行的外在表现。在回答题目的过程中，很多人建议学校应该加强孝道教育，养老、敬老的问题应该从娃娃抓起。由此我们可以得知，传统孝道中的积极作用并没有被不正确的价值观淹没，在历史发展的长河中，它早已浸入中国人的骨髓，并被发扬光大。

（二）女性孝道践行情况不佳

该项调查结果除了展现出了农村女性践行孝道的积极方面，同时也反映出了她们自身存在的问题和矛盾。通过调查，我们不难发现，她们对孝道的认知和践行有脱节和不合理的地方，主要体现在以下四个方面。

第一，爱幼不尊老。大部分家庭都非常重视孩子，将其作为家庭的中心，认为孩子就是天，应该顺从孩子的一切意愿。有些人认为父母年迈，不但不能为家里减轻负担，反而成为生活的累赘。因此，在日常生活中，这部分人对待父母的态度就会比较恶劣，稍有不顺心就会对父母爆粗口，而且还会对父母的日常生活习惯和个人爱好横加指责和干涉，从来不考虑父母的感受。更有甚者，把父母当作家庭的免费劳动力，根本不把父母的事情当回事。

第二，侵犯父母的合法权益。父母大多需要承担子女的结婚费用，导致很多父母因子女结婚而负债累累，这几乎成了农村的常态，但这并不是一种正常现象。子女应该充分考虑父母的经济能力和实际情况，不可大肆向父母索要钱财，要懂得量力而行、适可而止。子女不该在父母家"白吃白喝"，甚至剥夺父母的自由，把父母捆绑在他们的"孙辈"身上，这些都是孝文化学习不充分的表现。子女也不可干涉父母的"婚姻自由"，不管多大年纪，他们都应该自由享受正常的情感生活，不受任何人约束。

第三，不赡养父母。我国法律早已对如何赡养老人作出了相关规定，明确指出赡养父母是每个国民应尽的义务。但农村的养老问题仍然是我国新农村建设的一大难题。赡养父母是子女义不容辞的责任，不容推诿扯皮，更不可虐待老人、不支付老人的医药费、不让老人进家门等，否则将会受到世人的谴责以及法律的制裁。

笔者在调查过程中了解到几个不赡养父母的案例。

案例一是某村重姓老人在砖窑洞中去世却无人知晓。重姓夫妻有3个儿子，自己却住在村外一处废弃的砖窑洞里。很多人都曾就该问题对这家人进行过调解，但3个儿子始终互相推脱，都不愿意让父母住进自己家里。老两口在砖窑洞中一住就是好几年，最终于2016年8月在砖窑洞中去世。

案例二是老太太"饿死"在营养针下。一名姓王的老太太因得了重病，无法动弹，只能躺在炕上。自此，她的生活起居只能由4个儿子轮流照顾。但儿子们都在外打工，照顾老人的责任便自然落到了儿媳身上。老太太每天依靠4个儿媳给自己送饭度日。一开始，儿媳们照顾老太太还算勤恳，但卧床时间久了，儿媳们便心生厌烦，觉得送饭太麻烦，照顾老太太日常大小便也很麻烦。于是便想了办法，给老太太打营养针。每到饭点，就给老太太打上一剂营养针。2016年7月，王姓老太太"饿死"在了营养针下。

案例三是一位老人的儿子死后，最终无人为其养老。这名老太太姓陶，70多岁。4年前她的儿子外出打工，不小心在工地上摔死了。家中只剩下儿媳、孙子、孙女和这位姓陶的老太太。儿子去世两年后，儿媳为了生活，招揽了一个男人。但是儿媳和招揽的男人却表示不再赡养陶老太太。走访陶老太太的邻居，他们说陶老太太生活得非常艰辛，夏天无论多么热，屋中都没有风扇，冬天无论多么冷，屋中也没有火炉，日常的饮食更是简单，几乎见不到荤腥。

第四，缺乏精神关怀。很多人都认为只要满足了父母的物质生活就是孝子。其实不然，相较于物质生活，精神方面的关心是父母更为需要的。子女除了要保障父母衣食无忧外，还需要对父母的精神生活多加关怀，如和父母经常聊聊天；在外打工的子女，常打电话回家，让父母了解自己的近况，不让他们担心；抽时间带着父母去旅游；给父母讲讲自己的工作，让他们了解一下自己的生活等。毫不夸张地讲，对于父母来说，子女对他们的精神关怀要远远比物质关怀更重要。

在问卷调查过程中,大部分被调查者在回答"是否经常关心父母的精神生活"这一问题时都回答了"一般"。这一点就直接反映出了人们对孝道问题不够重视,或者直接忽略了。但从总体上看,不同年龄段的女性对孝道的践行是有差距的。一般20～30岁的农村妇女比较重视父母的精神生活,但随之也产生了很多问题,例如"白吃、白拿"等现象频生;30～40岁的女性比较关注父母的物质生活,却忽略了对父母的精神陪伴;大部分40～50岁及50岁以上的女性认为,只要能满足父母的温饱即可,几乎不关注父母的精神生活。

第三节　传统女孝文化日渐衰落的原因

一、传统女孝文化本身的局限性

传统女孝文化发端于春秋时期,经历了从简单到复杂,由个别到一般的历史过程。在这个过程中,历代统治者出于巩固其统治地位的目的,对女孝文化进行加工、补充,甚至是刻意地宣传和提倡,导致女孝文化在内容上出现了"杂糅"现象。对此,我们应该进行辩证分析,批判其糟粕之处,继承与弘扬其精华。

(一)传统女孝文化具有愚孝成分

《古今图书集成》中罗列了西汉、东汉、东西晋、北魏、南齐、梁、隋、唐、后唐、宋、元、明、清(前期)大小13个朝代共计1142名女性的孝行故事,对我国女孝文化的传承有着重要的指导意义,但也有部分内容属于愚孝。如西汉时出现夫死不改嫁,孝顺舅姑,或者以己身赎父罪的故事;东汉时出现父(母)亡自己殉葬,非法杀死杀父仇人,为了随侍父母,自己终身不嫁,甚至割股肉治舅(姑)之病的故事;南齐时出现因为祖父(母)死,自己终身守墓的故事;元朝时有卖子求棺的故事;明朝时有母亡悲饮其尸水，父死则剪发毁容不嫁的故事；清朝时甚至还有因孝敬婆婆不慎失误而自溢，因父病重遂自己绝食而亡的故事。这些故事，现代人是不能理解的，但却被编入了书中，大肆宣扬。这些做法对传统女孝文化的传承和弘扬具有极大的消极影响。

此外，"父母在，不远游""不孝有三，无后为大"，以及继承父志、死后厚葬、父母去世守孝三年等这些保守、落后的思想都与我们现代社会的发展格格不入。陈旧的、落后的思想阻碍了现代传统孝文化的传承，阻碍了社会的发展。

（二）传统女孝文化被神化和泛化

女孝文化源于古代的封建思想，主张的是孝感动天、天赐神功，还有因果报应，这无疑把女孝文化神化和泛化了。在古代，人们宣扬女孝文化能够感动天神，从而助自己一臂之力或是得到晋升的机会，比如割股肉治舅（姑）之病的故事。清代孝妇马氏，其公公久病不起，马氏便与丈夫焚香祷告，一同割股为药让公公服下。只一会儿工夫，公公的病就好了。元杂剧《小张屠》中，张屠的母亲患病却无钱医治，张屠和妻子便向神灵许愿，愿将自己三岁的儿子送到寺庙作为香物燃烧，以此求得母亲痊愈。最终是孝心感动了神灵，母亲病愈，儿子也被安然送回，皆大欢喜。类似这样的千奇百怪的故事，在《古今图书集成》中占相当大的比重。这类故事无疑是要向人们说明，莽莽乾坤，存在着一个超自然的神灵——天。天与人的孝行是密切相关的，天会不同程度地保佑有孝行的人。

历代统治者将女子的孝行披上神化的外衣，可以从两方面来理解：一是古人普遍信奉"天"，用"天意"解释与女子孝行有关的社会现象和自然现象是其习惯性思维；二是有意在女子的孝行中赋予"天命"色彩，借"天"的至尊与权威，迫使更多的女性遵孝、行孝。但是用孝的神话禁锢人们的思想，让女子孝敬自己的父母，是没有科学根据的，而且带有极浓厚的封建主义色彩，对科学健康的女孝文化理念的形成起到了阻碍作用。我们大力倡导女孝文化，因为孝是我们的本性，不能给它强加上感动天地、能够晋升或发财的神话色彩。

（三）强调绝对服从

女孝观念的中心思想是"顺"，历代女子孝行所反映出来的主题也是

"顺"。出嫁前女性要顺父母，出嫁后要顺舅（姑）、顺丈夫，丈夫死后还要顺儿子。不仅是日常小事要顺，甚至在自己的婚姻大事上也要讲究父母之命、媒妁之言。正如孟子所言，"不得乎亲，不可以为人；不顺乎亲，不可以为子"。女子对父母的话要言听计从，不得有半点儿抵抗，这就导致了父母与女儿之间地位的极度不平等，女儿不得违背父母的任何意愿。这种"顺"的观念随着封建社会历史的发展日渐根植于人心。那时的女性总是习惯以遵从的思想观念来指导自己的行为，总是缺乏自信、压抑自己的个性，总是习惯于无条件、无代价地奉献牺牲自己。

（四）强调男尊女卑和贞洁观

在"夫为妻纲"的封建伦理纲常下，女子的地位更为低下。《女诫》强调"事夫如事天"。《女论语》中提到妻事夫要做到"七莫"，大体为关心体贴敬重丈夫，做到举案齐眉。"夫如有病，终日劳心，多方问药，遍处求神"；"夫有恶事，劝谏谆谆，莫学愚妇，惹祸临身"；"夫若发怒，不可生嗔，退身相让，忍气低声"。

此外还要求女子"为夫守节，从一而终""忠臣不可事两国，烈女不可事二夫"。贞节作为一种道德要求，表明女性将情感需要置于自然欲望之上，是女性精神境界提升的标志。但私有制确立以及一夫一妻制形成以后，男子对女子从精神到肉体的占有，导致"贞节观念由对男女两性的自我约束到对女性的片面要求，从妇女自我保护的屏障进而演化为戕害女性的利器"。尤其是宋代大儒程颐提出"然饿死事极小，失节事极大"之后，贞节观完全成了扼杀女性基本人权——生存权的一把利剑，以致妇女殉死守节。

《明史·列女传》中详细记载了妇女守节的极端方式，如夫死或未婚夫死则殉节，受辱或恐受辱以死保节，在灾难中困守礼教教条而以死保节等。让人深切感受到这些被所谓的正统文化扭曲了的鲜活生命所背负的礼义廉耻、忠节孝烈文化的沉重。然而在封建社会的双重两性道德规范中，最为不公、极不人道的却是"严于妇人之贞，而疏于男子之纵欲""男恕淫邪，女戒风流"。正如今人所说"只许州官放火，不许百姓点灯"，这些完全是针对广大女性单方面的道德要求。男性可以在外寻花问柳，女性对其纳妾行为不得有半句怨言；倘若女子不能洁身自好，严守贞操，则会触犯礼教"七出"，被休出家门，遭世人唾弃。

二、女孝文化受到多重因素的冲击

传统孝道对于中华文明的发展至关重要，尤其是对社会的和谐发展起着重要的作用。但近年来，传统孝道的践行却出现了滑坡现象，践行女孝文化的女性越来越少。这固然与女孝文化本身的封建性和历史局限性有关，来自其他方面的冲击也是不可忽视的。现代社会里，女性几乎是家庭养老的主要力量，找到女孝文化衰落的原因，批判地继承女孝文化，就显得尤为重要。从调查结果显示，女孝文化受到冲击的因素主要包括以下九个方面。

（一）社会历史因素的影响

中国传统孝道在中国近现代发展过程中遭遇过两次严重的打击。一次是新文化运动，在该运动中人们对传统孝道的基本态度是批判，群情激愤的情绪化高于理性的义理化分析，对传统孝道进行了全面批判和否定，从而使传统的孝道观念从人们的生活中剥离。另一次是新中国成立之后，中国传统孝道接受了严厉的批判。女孝文化在两次运动中受到了很大的冲击和破坏，人们对孝持怀疑态度，在这种大背景下成长的女性开始轻视人伦和情感伦理。

在新文化运动中，支持新女性独立的呼声高涨。站在女性解放这一角度看，该运动使女性摆脱了封建思想的束缚，是具有积极意义的。但也是这一运动，将不少女性带入了另外一个极端。尤其是全国的反封建浪潮，更是直接抨击了孝文化，动摇了中国传统孝文化的根基。中国传统孝道之所以会遭遇这次劫难，并非传统孝道本身出现了问题，而是因为封建统治者给传统孝道附加了太多政治化、极端化的东西，使其变成禁锢人们思想的精神枷锁。新文化运动对传统孝道进行了全面批判，使得中国近代社会对传统孝道并不太重视，甚至开始遗弃这一传统文化。

新中国成立之后的一段特殊时期，再一次全面否定了中国儒家学说。孔孟之道和儒学被视为"封建""迂腐"的代表，传统孝道包含其中，其消极方面被当作封建残余而遭受唾弃。

（二）社会现实因素的影响

我们都知道，任何事物都伴随着社会的发展而发展，而且要相互适应，传统孝文化的发展也是如此。传统孝文化作为思想意识形态的载体，更要遵循这样的发展规律，毕竟经济基础决定上层建筑，但中国传统孝道在传承的过程中却出现了与社会发展相矛盾的地方。社会经济快速发展，但很多因素却给传统孝道的传承带来了消极影响。当看到问卷中"在生活中哪些因素是影响您尽孝的主要原因"一题时，很多人毫不犹豫地选择"网络上不良思想的传播、西方价值观念的盛行及家庭结构的变化"。

首先，市场经济所倡导的平等、独立、自由思想使广大女性的思想观念得到解放，开始走出家庭，注重自身发展，逐渐趋向于对工作和事业的认同，并以个人成就为取向，家庭本位逐渐让位于个人本位，女性尽孝意识淡化。

其次，市场经济所遵循的等价交换原则渗透到人们工作和生活的各个角落，孝道也不例外地受到了影响。由于现代社会大多依然延续传统的继承制度，即出嫁的女儿不享有对父母财产的继承权。因此在等价交换原则的影响下，部分女性就认为，既然儿子继承了父母的财产，并且父母在年轻时也主要是为儿子家操劳，照顾父母的主要责任理应由儿子承担，作为女儿可以出于对父母亲情的回报和感恩，起一个辅助性的作用。另外，人们更多地关注赡养老人能否得到相应的经济补偿。如作为女儿或是儿媳在独自长期赡养老人时，如果老人或其他子女没有对其进行经济上的支持或补偿，则会严重影响农村女性赡养老人的积极性和主动性，她们便不会继续履行对父母、对老人的赡养义务。

再次，西方文化的冲击造成人们孝道意识的淡薄。随着改革开放的不断深入，西方的文化观念也越来越多地渗透人们的生活，其中包括西方人的家庭观念。在西方国家的家庭里，子女与父母之间是平等的，彼此互不依赖、互不牵挂，这种不强调家庭道德义务、以个人主义为中心的价值观念对我国传统的孝道观念造成了严重冲击。

最后，很多家庭依旧沿袭传统的从夫居制，女性外嫁到丈夫家即拉大了与父母的空间距离，为女性赡养父母造成了空间障碍，这在一定程度上加速了女性孝观念的淡薄。

（三）家庭结构转型的影响

随着生产力的快速发展，社会也在不断进步。进入 21 世纪，我国也迈向了信息化、城市化道路。那么，随之而来的变化显而易见，例如城乡人口流动加快，很多农村的年轻人都进城打工，这就使得传统的家庭结构发生了重大变化。

在古代，因生产力水平的限制，家长成为家庭中的掌舵人，掌控着家中的一切财产，而且对家庭成员拥有支配权，无论是生活还是生产，几乎完全依靠长辈的口口相传。这也从根本上决定了家长在家中享有的绝对权威，同时也决定了子女对家长的唯命是从。这时候的家庭，父子关系是整个家庭的核心，家庭成员间有非常明确的义务分工。例如"男主外、女主内"就是该时期最明确的分工特征。这一时期，妇女担负起照顾老人和操持家务的任务。这样的分工方式既保证了家庭养老，又让中国传统孝道得以传承。

但近代以来，随着生产力的不断发展，我国城市化进程加快，工业化水平不断提高，现代教育也有了新的发展。老人的"家庭权利"逐渐削弱，形成了以"夫妻"为中心的小型家庭结构，而传统的宗族家法对孝道的引领示范与教育教化作用不适用于小家庭，因此逐渐被摒弃。宗族观念越来越弱，取而代之的是小家庭意识，子女变得越来越独立，很多年轻人都独自生活，不再跟老人一起居住。这种情况下，孝道意识逐渐淡化，很多子女将自己的收入划为小家庭所有，与父母没有关系。事实上，子女有赡养父母的义务，因此拿出部分劳动成果供养父母是天经地义的事情。俗话说："羊有跪乳之恩，鸦有反哺之义。"作为一个有血有肉的人，更应该珍惜这种情感维系，更要懂得感恩，不应把年事已高的父母看成自己的累赘。"家有一老，如有一宝"，子女应该尊重、爱护老人，尽到赡养责任，悉心照料老人的饮食起居，做到真正意义上的"孝"。

代际分离的居住方式有利有弊，虽然让子女和父母各自享受了充分的自由，但也加深了两代人之间的鸿沟。家庭结构的变化导致了家庭成员的分散居住，比如很多老人和孩子留守村庄，年轻人外出打工。从时间上来看，他们聚在一起的时间很短；从心灵沟通的方式来看，他们只能依靠电话等通信设备沟通，很少见面；从物质条件来看，年轻人只能满足老人的基本生活要求，有的甚至还需要老人接济；从精神需求来看，老人不仅要费力照顾孙儿辈，还要担心外出就业的子女，无形中增加了精神压力。综上所述，很多外出就业的子女与父母之间的鸿沟越来越大，沟通不力，无法及时联络感情，无暇顾及自己的父母，说明女孝文化逐渐被这一群体轻视。

子女对老人生活上的照料和感情上的关怀变得越来越少，因此传统孝道在当前家庭结构的转型过程中面临着严峻考验。随着人口结构的调整，我国出台了计划生育政策，这让年轻的父母比以前更加珍爱孩子，把教育孩子成长成人看成是天大的事情。俗话说，父母是孩子最好的榜样，而父母对孩子最好的教育就是自己的一言一行。而对孩子的孝道教育就体现在父母对待家中老人的态度上，只有父母尊老、爱老，做到长幼有序，维持家庭和谐，在这种环境下长大的孩子，才能养成良好的品德。反之，如果事事以孩子为中心，忽视了孩子的孝道教育，甚至给孩子做了坏榜样，这样教育出来的孩子，品德可想而知。孔子曰："今之孝者，是谓能养，至于犬马，皆能有养。不敬，何以别乎。"要知道，父母要想使自己的孩子长大之后成为一个孝子，那么在他受教育的年龄，就必须从自己这里得到孝道教育。而这就要求父母以身作则，尊重、爱护长辈。

（四）西方养老模式的影响

随着生产力的不断发展，我国形成了有中国特色的亲子关系，也就有了现如今独特的家庭养老模式，即"反馈模式"。费孝通先生曾就该模式解释道："甲代抚育乙代，乙代赡养甲代，乙代抚育丙代，丙代又赡养乙代。"没错，中国当代社会就存在这样一种赡养模式。西方家庭的代际关系跟我国截然不同，他们是上一代对下一代人负责，下一代人却不必对上一代人负责，子女毫无赡养和扶助父母的义务。对于父母的赡养问题，西方国家的法律中并没有作出明确的规定。我国与西方国家不同，极为重视"家庭"，所以西方国家的父子代际相处模式并不适用于我国，我们更不可效仿西方国家"子女不必承担赡养父母"的做法，而是要结合中国的实际情况。在家庭利益面前，个人应该做出必要的牺牲，而非千方百计地榨取父母的钱财，更不可将父母这种单方面的义务作为自己的人生信条和理想追求。

西方国家的理念是源自其经济基础，因为发达国家的养老体系比较完善，老年人在养老方面没有后顾之忧，同时，东西方文化之间也存在着巨大的差别，他们的家庭观念没有那么重，所以在养老模式上与我们有着很大的区别。我们国家的年轻人不能像西方的年轻人那样，对自己的父母不尽孝，将我们传统的孝文化抛之脑后，这样有悖于我国的国情、现实和自身的感情寄托。所谓养儿防老，是我们民族深刻的文化烙印，不是轻易就可以抹去的，它代代相传，也印证了孝道文化、女孝文化在我们民族中的重要性。

婆媳关系是女孝文化的主要体现之一。即便是现在，也有很大一部分女性没有接受过高等教育，不利于正确的大局观、人生观和价值观的养成，再加上经济利益的驱使，这部分人无论是在思想上还是在行动上，对孝道的认可度逐渐下降，这也是引起婆媳矛盾的主要因素之一。

由此可见，推行女孝文化是当今中国精神文明建设的一个重要课题。复兴和推广女孝文化，让越来越多的女性按照女孝文化的指引来严格要求自身，就会诞生出越来越多的幸福家庭，进而使社会更加和谐美好。

（五）电视、网络等媒体消极作用的影响

随着社会的发展，电视、网络等早已成为现代人生活的必需品。它们给人们的生活带来了便利，方便了人们的交流和沟通，但与此同时，它们所传播的不良内容和倡导的不良价值观念也对我们的生活产生了消极影响。

电视媒体是部分女性获得信息的重要渠道，对她们的价值取向也产生了一定的影响。单就目前电视媒体播放的家庭伦理剧来看，反映家庭婆媳矛盾、亲子矛盾等剧情的较多，且有将矛盾夸大的趋势，而引导人们正确思考、正确解决家庭矛盾的剧情却比较少；反映城市家庭矛盾、养老困难的剧情较多，而反映农村家庭矛盾、养老困难剧情的却比较少。这种问题多、导向少，城市地区多、农村地区少的家庭伦理剧，缺乏对农村女性的正确引导和鼓励，在一定程度上影响了农村女性的孝道观念。

新时代的女性，要有意识地提高自己的思想道德水平、文化水平及辨识能力，不要被"伪文化"所迷惑。另外也需要各类媒体积极配合，严格遵守职业道德，传播正确的思想道德观念和价值观念，为女孝文化的践行营造一个良好的社会环境。

（六）现代教育思想和教育方式的影响

任何文化的传播都是由教和学两部分组成的，孝文化也是如此。然而伴随着社会的发展，现代的教育思想和教育方式却在一定程度上阻碍了孝文化的传承和发展。当被调查者回答问卷中"在生活中您如何教育孩子、孝敬老人"这一问题时，很多人的答案让笔者失望，因为大部分家长都忽视了这一问题。

1971年，我国开始推行计划生育政策，这便导致了"四二一"模式家庭的出现。很多家庭都是独生子女，等子女结婚生子后，孩子就成了6个大人的中心。他们对孩子过分溺爱，含在嘴里怕化了，捧在手里怕摔了，满足孩子的一切要求。久而久之，便出现了爱幼不尊老的现象，也潜移默化地影响着孩子，造成了"扭曲的孝文化"的"传承"。马卡连柯认为："爱是一种最伟大的感情，它总是在创造奇迹，创造新的人，创造人类最伟大的珍贵事物。"缺少父母的爱，所培养出来的人，往往是有缺陷的人。因此，父母爱孩子应该讲究方式方法，讲求适度原则，过分宠爱往往适得其反，最终害了孩子。

作为父母应该知道，过分溺爱孩子很有可能会把孩子培养成一个品性拙劣的人。马卡连柯说："一味抱着慈悲心肠为儿女牺牲一切的父母，可以说是最坏的教育者。""一切都让给孩子，为他牺牲一切，甚至牺牲自己的幸福，这就是父母所能给孩子的最可怕的礼物……如果你想害死你们的孩子，给他喝足一服足量的你个人的幸福，他就可以被毒死。"虽然这样的话有些夸张，却也不无道理。国外曾就该说法做过相关调查，结果显示：父母与子女在道德判断和价值定向方面的相关性是0.55，而教师与学生的相关性只有0.03，前者远远超过后者。

由此可见，父母才是孩子最好的老师。那么，要培养孩子的孝道文化，父母就必须要注意自己的言行举止及教养方式。尤其是母亲，要身体力行地影响子女的行为，用女孝文化来引导孩子达到更高的道德水平。随着社会的发展，当今社会的各个行业都存在激烈的竞争，要想让孩子有一个美好的未来，父母不仅要关心孩子的成绩，更要关心孩子的品德，在教育孩子学习的同时也要重视推行孝道文化。母亲作为教育主角，应该谨记自身作为女孝文化推行者的责任和义务，不要一味地把眼光盯在孩子的成绩或技能上，而要对他们的思想品质进行培养和铸造。父母对孝道传承要有一个正面的、积极的认识，如此才能够促进我国传统孝道文化的发展。

（七）家庭多种因素的影响

在现代化进程和计划生育政策的推行过程中，子女减少，人口流动加快，"传统共居"的家庭模式被小型化和松散化的家庭结构所取代，一定程度上削弱了家庭的养老功能，淡化了女性行孝的意识。另外，核心家庭的出现，夫妻双方在能力和精力一定的条件下，其重心无论是经济上还是情感上都在孩子身上，更多地关注孩子的发展，而忽视了对老人的赡养。

丈夫对养老义务的忽视弱化了妻子的行孝观念。在家庭生活中，受传统社会性别观念的影响，夫妻双方对自己在家庭中的权利义务定位有所不同。一方面，男性认为作为儿子对父母的养老义务主要是为其提供经济上的支持，而照顾老人的生活起居则主要是女性的责任；另一方面，男性作为女婿对自己在丈母娘家的定位是亲戚、是外人，对岳父岳母没有伦理上的养老义务，男性的这种身份认同和权利义务的认同直接影响了女性在生活中对老人的行孝态度和孝道行为。另外，男性因为外出就业，拉大了与老人的空间距离，在一定程度上使其忽略了对老人的养老义务。丈夫这种相对淡薄的孝德观念和相对缺失的孝德行为又对与其朝夕相处的妻子造成了潜移默化的影响，从而弱化了妻子的孝德观念。

父母的榜样失范造成女性行孝行为的缺失。女性在一生中至少要扮演3个角色——女儿、妻子和母亲，不同的角色又要承担不同的义务和责任。罗伯特·欧文曾说过："人所接受的知识是从周围事物中得来的，其中主要是从离他最近的长辈们的榜样和操守中得来的。"换句话说，原生家庭是每个人的第一所学校，原生家庭教育也是我们接触最早并对我们的人生影响最为深远的教育。父母如果不孝就会影响子女孝德观念的形成。此外，在极少数家庭，父母不仅不注重通过言传身教对女儿进行孝德培养，还通过各种方法来挑唆女儿与其婆婆之间的关系，严重阻碍了女性孝德素养的养成。

（八）女孝教育缺失的影响

首先，学校缺失女孝教育。长期以来，学校在日益严峻的就业和择业的竞争压力下，只是把学校作为知识灌输的场所，只教书不育人，品德课被主课占用，而德育只是被写成文字挂在墙上，成为一种流于形式的教育。即使新时期学校道德教育课程涉及孝道教育内容，但在方法上重理论轻实践，忽视了学生的主体地位，不注重在德育活动中营造氛围、从细节和小事中加以启发和引导，必然会造成女孝文化的衰退。

其次，基层组织缺乏女孝教育和引导。与女性有直接关系的基层组织主要包括村委会、居委会、街道办事处及基层妇联组织，这些组织本应该在提高女性的道德文化素质、丰富女性精神文化生活、帮助女性解决生活困难等方面充分发挥作用。然而调查结果显示，只有少量的女性接受过妇联等基层组织的帮扶，并且在教育或帮扶过程中更多地偏重于职业技能教育，忽视法制教育及家庭经营能力教育等，从而造成她们行孝意识不强。另外，无论是村委会、居委会、街道办事处还是基层妇联组织，往往只有在老人上访曝出自己家庭出现代际关系不和谐、子女不赡养的情况下，才会出面干预和调节，而这种干预和调节往往具有滞后性，缺乏对女性的正面引导。

最后，社会缺乏女孝教育氛围。一些女性选择做全职妈妈，她们比较固定的生活空间就是社区，比较固定的人际关系网络就是亲戚和街坊邻居，闲暇时间多以串门唠嗑为主。因此，其孝道态度和孝道行为易受其所在社区舆论环境的影响。调查显示，经常听说子女不与老人说话，甚至进行辱骂殴打的比例是36%，偶尔听说的比例是47.2%；经常对父母冷淡和疏远的比例是6.14%，偶尔对父母冷淡和疏远的比例是65.79%；经常对公婆冷淡和疏远的比例是23.3%，偶尔对公婆冷淡和疏远的比例是57.9%。这些数据说明社区的孝德氛围欠佳。另外，女性在串门唠嗑的过程中多以家长里短为主要内容，尤其比较喜欢谈论别人家的婆媳矛盾。但是，在谈论的过程中缺乏对婆媳矛盾的理性分析，而只是把这些当作茶余饭后的谈资。长期在这种孝德氛围欠佳，且对不孝行为缺乏正确认识的社交环境下生活的女性极易受到影响。此外，"养儿防老""嫁出去的闺女泼出去的水"等传统观念在农村地区仍被认同，依旧对老人被女儿赡养带有偏见（除儿子不赡养或没有儿子等特殊情况外），认同度较低。这种带有偏见的、不健康的孝德氛围，影响了农村女性在家庭中的自我角色定位，导致了其对自身养老主体身份的忽视。

（九）女性自身素质修养的局限

由于受传统社会性别观念的影响，以及对自身在家庭养老中的主体地位的认识不足，导致一些女性在赡养老人的过程中对自身要求不高，误认为作为女儿只要常回娘家看看父母，陪父母聊聊天，并帮助父母做做家务就算是完成了对父母的养老义务。而作为儿媳，则认为在生活中与老人有些磕磕碰碰在所难免，只要能对老人做到"养老情理"所认可范围内的基本赡养义务就算是尽了孝，而忽视了孝敬老人更需要在精神上爱敬老人，使老人感到愉悦。出现这种现象的原因在于以下三个方面：

第一，情感方面。作为女儿，一生下来就受到父母的养育与爱护，并在之后的生活中逐渐养成了对父母的敬爱之情，这种敬爱的道德感情作为原动力不断激励着广大女性对父母尽孝。然而与公婆则是因为与丈夫的婚姻关系才产生的伦理关系，感情上不及父母，更多强调的是理性的伦理责任和义务。再加上实际生活中公公婆婆往往偏向自己的儿子，在多个子女之间又难以做到"一碗水端平"，从而导致了一些女性对老人为家里所作贡献的认同度不高，与公婆之间交流过少，甚至产生婆媳矛盾，从而使她们在赡养公婆方面只能做到最基本的赡养而做不到孝养和敬养。

第二，经济能力方面。由于经济能力有限，导致女性在行孝行为与尽孝认识之间产生了偏离。尽管大部分女性都认为相当应该和非常应该对老人尽赡养义务，但是由于女性在生活中的实际困难及自身各种能力的限制，都为其履行这一义务造成了障碍。随着社会的发展，女性开始走进社会，注重自身发展，甚至有了自己独立的经济收入，但有时这有限的经济收入更多的是补贴家庭的日常开销，家庭的经济状况并没有得到根本改善。正如调查结果显示，63%的女性在赡养老人的过程中遇到的最大困难是经济条件有限，导致女性只能满足老人最基本的生活需要，而满足不了老人在健康和文化等方面的需要。

第三，家庭经营能力方面。这里主要是指女性在家庭中的沟通能力及协调能力。由于受传统社会性别观念的影响，一些女性缺乏对自己在家庭中主体地位的认知，从而导致其在家庭中的沟通能力及协调能力低下。调查显示，女性作为女儿出面协调兄弟姐妹与父母之间矛盾的比例是59.23%，作为儿媳出面协调丈夫与公婆之间矛盾的比例是39.13%；作为女儿以交流方式解决与父母之间矛盾的比例是67.54%，作为儿媳以交流方式解决与公婆之间矛盾的比例是45.61%。这说明女性在家庭中的沟通能力及协调能力相对低下。也因此影响了家庭关系的和谐，影响了家庭成员之间的情感互动，进而限制了女性在营造家庭行孝氛围方面能动性的发挥。

第七章

老龄化趋势下的女孝文化教育

第一节　老龄化趋势下加强女孝文化教育的重要性

"百善孝为先",无论时代如何发展,重孝行一直以来都被人们推崇。孝是中华传统文化中重要的道德价值观念,是集社会观、人生观、价值观为一体的首要理念。孝文化是中华优秀传统文化的重要组成部分,孝道是我国传统儒家文化的重要内容,也是我国 5000 年文明史中的传统美德。时至今日,孝文化仍然是我国和谐文化建设的重要内容,在中华大地上滋养了一代又一代中国人。2012 年修订、2013 年 7 月 1 日开始执行的《中华人民共和国老年人权益保障法》中,以法律的形式将每年农历九月初九确立为"老年节",鼓励人们践行社会主义核心价值观,树立敬老新风,孝敬父母,关爱全社会的老人。

据第六次全国人口普查数据显示,60 岁及以上的老年人口达 1.78 亿,在我国人口比例中占 13.26%。据相关数据预测,到 2025 年,我国老年人口将接近 3 亿,占总人口的 20% 左右,而且 80 岁及以上的老年人口将达到 2500 万。由此可见,人口老龄化已成为当今严峻的社会问题。随着科学技术的不断进步,社会的进一步繁荣,很多矛盾随之产生,特别是养老问题。发扬中华传统美德是非常必要的,特别是应该从思想上认同并传承中华传统孝文化。孝文化是我国人际关系交往的基础和行为准则,丰富了中华民族优秀传统文化的内涵,并且对于人际关系的调节、家庭的和睦、社会的稳定、民族凝聚力的增强等都具有重要的意义。因此,在新时期的道德教育中,我们更应该尊崇孝文化。

党的十九大报告提出,要深入实施公民道德建设工程,推进社会公德、职业道德、家庭美德和个人品德建设,激励人们向上向善、孝老爱亲、忠于祖国、忠于人民。

孝敬父母是做人的基本准则,《中华人民共和国老年人权益保障法》

中明确规定了成年子女要"常回家看看"，子女应当定期探望或经常问候老人。传承孝文化是社会和谐稳定的前提，是家庭和谐的支柱，是进行道德教育与精神文明建设的重要保障。

习近平总书记在2014年元旦前夕为北京市海淀区四季青敬老院的老人们送祝福时表示："我们要让所有老年人都能老有所养、老有所依、老有所乐、老有所安。让每一位老人都能生活得安心、静心、舒心，都能健康长寿、安享幸福晚年。"老有所养、老有所依、老有所乐就是传承和弘扬孝文化的最好诠释。

一、加强女孝文化教育对家庭教育的影响

千百年来，女孝文化被奉为中华传统文化的经典内容，传承和发扬女孝文化，加强女孝文化在家庭教育方面的功能，有助于我们探索和研究我国传统美德的内涵和价值。

第一，加强女孝文化教育有利于形成感恩意识。女孝文化的核心是感恩，表达对父母的感恩之心，形成感恩意识。由感恩父母推广至感恩他人、感恩社会，由感恩小家推广至感恩大家、感恩国家。女孝文化的传承使我们理解了感恩，学会了感恩，能诚信并感恩他人。

第二，加强女孝文化教育有利于解决养老问题。作为世界老年人口最多、老龄化问题最严重的国家，应该将人口老龄化问题提高到基本国策的高度。中国养老体制运行了十多年，对深化改革开放、稳固社会发展、促进国民经济发展起到了重要作用。但是，由于中国正处于经济转型期，养老制度实施时间不长，不是很成熟，因此，快速的老龄化又使我国的养老问题雪上加霜。女孝文化传承的基本要求是善事父母，为父母提供生活帮助。照顾父母的饮食起居是子女应尽的义务，对父母的精神照顾才是关键部分。尊亲、敬亲、养亲的女孝文化使子女心系父母，并在此过程中养成良好的品质，进而有利于我国养老问题的解决。

第三，加强女孝文化教育有利于建设和谐社会。孝文化中的平等、互敬、互爱原则，可以使自己与父母平等地交流沟通，使父母理解孩子的心路历

程，与孩子一同成长，彼此尊重；平日对父母的电话问候、节假日的探望、回家的真心交谈等，有利于疏通代际间的隔阂。"老吾老以及人之老，幼吾幼以及人之幼。"在孝文化中将爱推及他人，教会青少年做人的基本准则，尊重自己、尊重父母、尊重他人，有利于解决复杂的社会人际关系，建立和谐健康的人际关系，建设和谐美好的社会。

第四，加强女孝文化教育有利于形成责任意识。自古以来，孝与责任相辅相成，总是相伴而生。孝文化中的"贵生""博爱"思想，要求人们对自己的身体负责，爱惜自己的生命，热爱生活，守护自身的品质和节操；要求人们对父母家庭负责，承担起子女应尽的义务；要求人们对社会、对国家负责，培养"天下兴亡，匹夫有责"的高尚情操，以责任感激励自己不断进步，为家庭、为社会、为国家作出贡献。

第五，加强女孝文化教育有利于丰富精神世界。中华民族文化是丰富多彩的，其中有着许多优良传统，孝文化正是这些优良传统的集合体，孝文化以其巨大的影响力不断丰富着中华文明的精神世界。

家庭教育伴随人的一生一世，每个人都离不开家庭教育。我国青少年的家庭教育最主要的内容应当是孝文化，孝文化以其尊亲、敬亲、养亲、谏亲等诸多中华民族的传统精华思想屹立于中华几千年文明传承的长河中，对于自身、家人、社会、国家都有莫大的有利影响。孝文化的精华应该在家庭教育中得到传承和发展。

二、加强女孝教育的必要性和紧迫性

《论语·学而》中写道："其为人也孝悌，而好犯上者，鲜矣；不好犯上，而好作乱者，未之有也。君子务本，本立而道生。孝悌也者，其为仁之本与。"而《孝经》的开篇之言则是："夫孝，德之本也，教之所由生也。"儒家学说作为我国传统文化的主流，明确指出孝是仁的根本，也是一切道德的根本，对百姓的一切教化都应从孝道开始。《论语·为政》中说："子曰：书云'孝乎，唯孝友于兄弟，施于有政。'是亦为政，奚其为为政？"意思就是，孔子认为自己以身作则，施行孝道，进而影响执政者，让执政者推行孝文化。由此可见，孝始于事亲，终于立身，它是做人的根本，也是修身、齐家、治国、平天下的基本前提。

孝居于八德之首，一个人如果缺失了孝心，无异于行尸走肉，又何来"仁义礼智信"呢？假如"弃孝""无孝"现象被继续无视，使其肆意蔓延，那么人堕落的日子就不远了。

子女要多陪伴在父母的身旁，这是中国女孝文化的根本，是一种对父母"敬爱之心"的自然流露。其本质就是"仁"，因为我们是相亲相爱的一家人，这也是营造和谐社会的根源。如果不知道如何爱自己的父母，何来敬爱他人，又何来大公无私、舍己为人？孝心的缺失，导致仁心的丢失，人也就失去了做人的根本，人与人之间道德关系的维系就将崩塌，社会将陷入动荡不安之中。社会道德的大滑坡会引来无数的社会问题，那我们所说的社会主义和谐社会也将不复存在。

进行女孝教育是一个循序渐进的过程，培养一个人从爱父母到爱他人，从爱家庭到爱社会、爱自己的国家，这样层层递进、推己及人的女孝教育，应该是当下德育教育的重点，也是最为必要和紧迫的。缺失了女孝教育就无从谈道德教育，那么思想政治教育就如空中楼阁，失去了根基。

三、通过开展女孝教育来构建和谐社会

一是要讲孝道。在待人接物时要树立尊老、爱老、敬老、养老、事亲行孝的理念。在思想上要意识到女孝文化对于维护家庭稳定与社会和谐有重要意义，要树立百行孝为先、孝为德之本的理念。在弘扬中华传统文化的过程中，应遵守孝道、尊老爱幼，将孝这种家庭美德与社会公德培养成为自觉意识，为构建社会主义和谐社会服务。家庭是女孝文化教育的最好场所，父母的一言一行、一举一动，潜移默化地影响着孩子。父母对长辈要恭敬、和颜悦色、嘘寒问暖、凡事谦让，带孩子常回家看看；孩子耳濡目染，自然就学会了孝敬。每一位国民都要承担起家庭责任和社会责任，赡养父母、孝敬长辈，并时刻坚持孝道，做到身体力行，尽心尽力而为。

二是对青少年加强女孝文化教育。对于天性纯良的孩子来说，教育影响其成长的方向，正所谓"人之初，性本善。性相近，习相远。苟不教，

性乃迁"。教育的目的就是让尊敬长辈的观念由家庭逐渐推广至社会,并使之成为一种尊老、敬老的社会新风尚,鼓励人们不仅要尊敬自己的父母,还要推己及人,尊敬、爱护、关心社会中的老年人。所以我们要加大对于青少年女孝教育的力度,多传输诸如"亲尝汤药""扇枕温衾"等的经典正面的孝道故事,引导孩子正确理解什么是孝,培养孩子的爱心、孝心和恭敬心,使行孝成为人们良好的行为习惯。此外,还要把女孝教育纳入学校德育教育体系,唤起青少年的孝心。

三是开展女孝文化教育,形成尊老、敬老、养老的良好氛围。注重发挥舆论的导向作用,通过多媒体、社区活动、文艺汇演、道德讲堂等多种渠道,向群众大力宣传女孝文化,进行文化渗透,营造良好的社会氛围,让遵守孝道、崇尚女孝文化逐渐深入人心。社会应与学校教育、家庭教育"里应外合",大力宣传和弘扬孝道文化,在全社会形成尊老、敬老、养老的良好氛围。

四是要完善法律体系,对虐待老人的恶行坚决予以惩处。随着社会的快速发展,各种矛盾逐渐凸显,在家庭中以不赡养父母、不孝敬老人的行为最为突出,报纸、电视中经常能看到有关虐待老人的报道。对于这样的恶行,我们要进行强烈谴责。同时,要拿起法律的武器,对其进行严惩。完善法制体系,做到有法可依、有法必依、执法必严、违法必究,用法制保障孝道的实行。此外,要加大养老社会化的工作力度,推进养老社会化进程。

第二节 老龄化趋势下推行女孝文化教育的对策

孝是中国传统文化中最具特色的伦理思想之一。"仁者,人也",孔子把孝看作"仁"的根本。《孝经》把孝视为德育的根本,子曰:"夫孝,德之本也,教之所由生也。"孝道就是德行的根本,教化的出发点。在中国古代社会,孝道之所以能够很好地传承,最重要的原因是历朝历代都特别重视和推崇孝道教育。当今社会，孝德作为个人品德的重要组成部分，是家庭美德的核心和基础。提高女性的孝德素养有利于促进女性的全面发展，有利于促进和谐家庭和和谐社会的构建。在努力实现中国梦和全面建成小康社会的今天，我们要更加注重个人孝德的培养。为此，提高女性的孝德素养，要从实际出发，并结合女性自身特点，加强其孝德教育，并提供各种制度保障。

一、加强对女性的孝文化教育

一是加强对女性的社会性别意识教育。社会性别意识的教育，主要包括主体性、权利义务性和性别平等性的教育。加强对女性的主体性教育，可以改变女性在家庭养老中的刻板定位，提高女性对自身在家庭养老中的主体性地位的认知，从而激发其在赡养老人的过程中充分发挥主体性和能动性作用。加强对女性的权利义务性和性别平等性教育，可以使女性意识到自己作为女儿，与儿子有同等的继承权利和赡养义务。儿媳在日常生活中协助丈夫赡养公婆的同时，丈夫也有责任和义务协助妻子完成对父母的赡养，从而改变女性在家庭中的养老角色、养老态度和养老行为。加强对女性社会性别意识的教育，在社区广泛宣传和引导社会性别平等观念，可以建设男女权利义务平等的新型养老文化。

二是要注意加强对女性以"尊老爱幼、男女平等、夫妻和睦、勤俭持家、邻里团结"为主要内容的家庭美德教育。家庭美德把"尊老"放在第一位，可见孝道在整个家庭道德教育中的重要地位。"尊老"，不仅要求子女照顾老人的生活起居，还要求子女在照顾父母的过程中能尊重其人格，并以和悦的态度对待老人，满足其情感需要，丰富其精神生活。因此，加强对女性的家庭美德教育，提高女性的家庭道德素质，使女性在赡养老人的过程中倾听老人的心声、关注老人的情感、尊重老人的人格，提高对老人曾经为家所作贡献的认同度，以消除老人的心理疑虑和担忧，从而营造尊老爱老的家庭氛围。这种氛围对家庭成员孝德的培养可以起到潜移默化的促进作用。

三是加强女性的家庭经营能力。家庭经营是指对家庭生活的组织、决策、指导和协调，其内容不仅包括物质生活管理、精神文化生活管理，还包括处理家庭人际关系，即家庭内部成员关系和邻里、亲朋等家庭外部关系。家庭经营的目的在于全面提高家庭的物质生活、文化生活、感情伦理生活和社交生活的质量，对于个人和家庭而言，家庭管理会促进团结，增进幸福。因此，为了提高老人的生活质量，提高女性的孝德素养，我们要注重加强对女性家庭管理能力的教育。一方面，通过加强对女性物质生活管理能力的教育，提高女性合理支配家庭物质资源的能力；另一方面，通过加强对女性精神文化生活管理和家庭人际关系管理能力的教育，提高女性处理家庭人际关系、协调家庭成员之间矛盾的能力，使女性在家庭内充分发挥温柔、体贴的性格优势，自觉成为丈夫、兄弟姐妹等其他家庭成员与老人之间的情感润滑剂和情感纽带，从而营造尊老、爱老的家庭文化。

四是加强对女性传统优秀孝文化的教育。我国的孝文化具有两面性，既有精华，也有糟粕。因此，我们在选取学习内容时对其要有清醒的认识。通俗文化与典籍文化相比，具有可实践性、通俗性的特点，更易为民众掌握。在对女性进行孝德教育时，要注重通俗孝文化中的合理成分。如《二十四孝》中关于居家时怎样孝敬亲人，在孝养方面怎样尽心竭力，在亲人生病时又怎样恪尽孝心等方面是值得我们今天学习的，但是其中的一些以牺牲生命为代价的愚孝行为是我们所要摒弃的。因此，女性在进行孝德教育时，要认真挖掘以"善事父母"为核心的传统孝文化的合理内核，提高自身的孝德素养。

二、开辟多种孝文化教育的途径

（一）家庭要继续对子女进行女孝文化教育

家庭教育尤为强调父母的教育责任，虽然已婚女性已经离开自己从小生长的家庭，但出于与父母的自然亲情，仍与娘家保持密切交往。娘家父母的观念、言行仍对女儿产生重要的影响。若父母能够换位思考，从老人的角度理解女儿的公婆，将心比心，则会教育女儿尊重、关心和理解老人。

即使女儿不能做到像对自己那样对待公婆，也要帮助女儿从心理上理解公婆年轻时为家庭所作出的贡献，帮助女儿提高对老人为家里所作出的贡献的认同度，意识到衰老是每个人必经的生命历程，应当树立一种共享观念，用尊重、同情和容忍的真情去帮助和关心老人。

同时，公婆也要对自己的儿子进行孝德教育，使男性意识到自己不仅有赡养父母的义务，同样有赡养岳父、岳母的义务，帮助儿子树立养老义务平等的观念。从而提高夫妻双方的孝德意识，使夫妻双方在日常养老中互相影响、互相帮助，在养老义务方面形成一种良性互动。加强家庭的继续教育，发挥父母继续教育的作用，形成夫妻双方养老义务的良性互动，仍是提高女性孝德素养的重要途径之一。

（二）学校要提高女孝文化教育的意识

校园是加强女孝文化教育的主要阵地之一，教师们要深刻认识到女孝文化对学生发展的重要价值。想要提高学生的女孝文化意识，就要有目的、有计划地在课堂教学中贯穿女孝文化教育的理念，丰富女孝文化教育的内容，拓展学生的女孝文化知识，培养学生的女孝文化意识。学校要在文化知识的传授中贯穿传统优秀孝文化的精髓，从思想和精神两方面进行孝文化的传递。另外，教师还可以充分利用本校资源和当地的教育资源，通过不同渠道挖掘和收集女孝文化教育内容，深化学生女孝文化的认知结构，帮助学生掌握更全面、更广泛的女孝文化知识。

女孝文化的教育还必须与实践活动相结合。除了说教模式外，教师还应该将女孝文化融入学生的日常生活中，巩固女孝文化知识，强化对女孝文化的认同感，体悟到女孝文化的重要价值。学校还要开展内容丰富、形式多样的课外实践活动，用学生喜闻乐见的多样化形式，提高他们学习女孝文化的积极性，培养他们自觉行孝的良好品德。如组织学生到敬老院慰问老人，切实感受尊老爱老的重要意义；组织观看以女孝文化为主题的宣传影片；开展女孝文化征文活动，举办女孝文化知识竞赛等。教师要在实践活动结束之后，认真做好反馈评价工作，通过多种形式展示学生实践的成果和收获，运用不同方式对活动进行针对性评价。这样可以在学生群体中营造良好的女孝文化学习氛围，有利于女孝文化的传播。

（三）社区要营造良好的舆论氛围

马克思在阐述环境、教育与人的发展关系时指出："人们通过实践改造客观世界，改变周围的环境，同时也改变着人本身。"也就是说，人们通过自己的孝德行为营造了一种孝德环境，而这种环境反过来又在潜移默化地影响着人们的孝德行为。因此，营造一种良好的孝德舆论氛围，有助于女性孝道意识的培养。一方面，要在社区内充分利用墙报、橱窗、广播等传播媒介去加强对爱老、敬老、养老良好风气的宣传，并在宣传的基础上营造一种良好的社区舆论氛围，对孝敬父母的良好行为给予精神上的鼓励和肯定，对有能力而不善待老人，甚至虐待、遗弃老人的丑恶行为给予批评和谴责，努力营造一种"以尊敬长辈、充满爱心、热爱生活为荣；以忤逆不孝、自私自利、忘恩负义为耻"的社区舆论氛围。另一方面，要通过改变人们传统的社会性别观念和"养儿防老"观念，使人们意识到不管是儿子还是女儿都有赡养老人的义务，都是家庭养老的主体，从而改变人们对女儿养老的偏见，提高社区对女儿养老的认同度，激发女性在赡养老人过程中主体作用的发挥。总之，通过营造积极向上的社区孝德舆论环境，使长期生活在社区里的女性潜移默化地受到影响，使其在赡养老人的过程中不仅能够做到养老人身，还能做到宽老人心、念老人恩。

（四）基层组织要发挥教育引导的作用

孝文化能在中国古代社会产生重要影响并扎根于各阶层民众心中的重要原因之一就是，政府的宣传引导以及在政策上的鼓励。今天我们加强对女性的孝德教育，需要充分发挥村委会、居委会、街道办事处及基层妇联组织的教育引导作用。一方面，可利用当地学校资源加强社区教育机构建设，举办法治讲坛、孝德讲坛，播放孝德电影，开展孝德讨论会，鼓励女性积极参与法制教育和孝德教育，提高女性的法制意识和孝德品质，使女性深刻意识到赡养老人是每个子女应尽的义务，也是个人道德品质的重要体现。另一方面，基层妇联组织可以利用社区教育机构，加强对女性的社会性别教育和家庭经营能力教育，提高女性的社会性别意识、权利义务意识及经营家庭的能力；妇联组织还可以在社区里组织小的教育集体，针对典型人群进行专门教育和上门教育，充分发挥女性的性格优势和情感优势，深入了解女性行孝的困难和障碍，帮助女性克服困难，培养孝德意识。此外，村委会、居委会、街道办事处和基层妇联组织还可通过开展"文明家庭""五好家庭""平安家庭""好媳妇""好女儿"的评选活动来引导大家向身边的孝德榜样学习，并对具有良好孝德的女性，给予一定的物质奖励和精神鼓励。

（五）社会要充分利用弘扬女孝的各种媒介

广播、电视、网络、报刊等是弘扬中国优秀孝文化的载体。目前，电视是广大居民生活中必不可少的媒介，是人们及时获得新信息、开拓新眼界的重要窗口，对人们的思想观念也产生了很大影响，特别是家庭伦理剧深受广大女性的欢迎。因此，社会在利用各种媒介宣传孝文化时，要尤其突出电视媒介的作用。同时，在宣传过程中也要注意结合女性的知识水平，针对一些年长且文化程度低的女性，要注重宣传方式的生动性和生活性，如可通过广播去讲述贴近人们生活的孝德故事，通过电视播放孝德公益广告等；针对年轻且有一定文化水平并有上网习惯的女性，可利用报纸、网络进行宣传。此外，电视媒体还可通过推出孝子评选栏目为广大女性树立孝德榜样，从正面引导女性践行孝道、弘扬中华民族的传统美德。

目前，深受广大女性喜欢的家庭伦理剧主要有《情满四合院》《父母爱情》《都挺好》《老伴》等；孝文化宣传网站主要有中华孝文化网、中华慈孝网、中国孝德网等；电视媒体推出的孝子评选节目主要有"孝老爱亲模范评选""中国十大孝子评选""十佳孝子评选"等。通过这些媒介的宣传，可以将孝文化渗透到女性的日常生活中，加强对女性孝德的正面引导，促使女性在生活中自觉践行孝道。

（六）利用传统节日开展形象化的孝德示范活动

我国的传统节日有春节、元宵节、清明节、中元节、中秋节、重阳节等，尽管每个节日都有其特定的内涵，但回家看望父母、与家人团聚或是怀念已故亲人却是其共有特征。其中，春节、元宵节、中秋节都着重强调家人团聚。这种团聚，一是意味着子女对父母的孝敬，二是意味着家庭的团结和睦，是孝道文化观念的体现。而重阳节被定为"敬老日"，更是有敬老祝寿之意，是中华孝道"贵老"精神的体现。清明节和中元节虽然着重强调对已故亲人的怀念，但也是广义孝道观念的体现。可见，我国传统节日中渗透着孝道观念，而这些传统节日又与女性的生活息息相关。因此，可利用传统节日开展形象化的孝德示范活动，来加强对女性的孝德教育。例如，可在重阳节的茶话会上举办以孝为主题的文艺会演，把社区里典型的孝亲行为演成文艺节目，通过文艺节目的形式为女性展示形象化的孝德示范行为。同时，筹划节目时要注意调动女性参与节目互动的积极性，使女性深刻感受到节日的孝道气氛，丰富女性的孝德情感，并促使女性将这一情感转化为孝德意志和孝德行为。

另外，还可在春节、中秋节等传统节日时举办以家人团聚为主题的文艺活动，来教导人们通过营造团结和睦的家庭氛围，为老人提供颐养天年的良好家庭环境。总之，利用传统节日开展形象化的孝德示范活动和孝德教育活动，有利于女性结合自身的实际生活来培养孝德意识，逐步提高自己的孝德素养。

三、为女孝意识的培养提供各种制度保障

（一）制定相应的奖惩制度

为了促进女性自觉地培养孝德意识，相关部门可制定相应的奖惩制度。在奖励制度方面，表现良好的女性，村委会、居委会可以提高其逢年过节的福利；妇联组织还可以在三八妇女节对孝德良好的女性进行表彰，给予精神鼓励，并为她们提供更多外出学习的机会。在惩罚制度方面，不赡养老人、不尊敬老人，甚至虐待和遗弃老人的女性，则要减少甚至取消她们逢年过节的福利。村委会或者居委会还可鼓励村民、居民在自己家庭内部制定相应的奖惩制度，如兄弟姐妹之间可达成相应的协议。总之，这些奖惩制度可激励女性自觉培养孝德，并在生活中践行孝德。

（二）鼓励男女赡养老人的义务公平

尽管法律明确规定，子女有赡养父母的责任和义务，并且也规定了其配偶应当协助赡养人履行赡养老人的义务。但是由于受传统的社会性别意

识和权利义务意识的影响，养儿防老观念仍根深蒂固，依旧更多地强调儿子的赡养责任，不强制女儿的赡养义务；更多强调女性作为儿媳对公婆的赡养义务，不强调男性作为女婿对岳父、岳母的赡养义务，这是一种不平等的性别义务观念。在这种不平等的性别义务观念下，女儿由于远嫁从夫后不能时刻照顾父母，对父母的养老只起到了辅助性作用；而儿子对父母的养老义务实质上是由儿媳完成的，但是又由于儿媳与公婆之间没有血缘关系，对公婆只能做到一般的赡养，而做不到孝养和敬养，这严重影响了老人的生活质量。因此，为了提高老人的生活质量，则需要在农村倡导新的权利义务观念，宣传和推进儿子与女儿有平等的继承权利和赡养义务，并制定相应的制度来监督其配偶协助赡养人履行对老人的赡养义务，努力实现男女多重社会角色中的义务公平。

（三）完善各种经费保障制度

调查显示，63%的农村女性在行孝过程中遇到的最大困难是经济能力有限。为了帮助她们解决这一困难，国家要完善养老保险制度、医疗保险制度。目前，我国已制定了养老保险制度和医疗保险制度，60岁以上的老人每月可领到几十元的养老金，参加医保的老人住院时可按照新型农村合作医疗对住院费用进行不同比例的报销，这些政策在一定程度上减轻了女性赡养老人的经济负担。但是，随着物价水平和生活成本的不断提高，几十元的养老金对老人的生活起不到根本性的保障作用。而为了增加收入，男性劳动力外出务工，女性留在家里照顾老人和孩子，无法外出工作，这无形中也增加了经济负担。因此，完善养老保险制度和医疗保险制度有利于解决女性赡养老人的经济负担问题，使农村女性在孝敬老人时无后顾之忧。

四、以法律推动女孝文化的发展

（一）加强法制教育，引导女性自觉培养孝德意识

除宪法以外，《中华人民共和国老年人权益保障法》《中华人民共和国民法通则》《中华人民共和国继承法》《中华人民共和国婚姻法》《中

华人民共和国刑法》《中华人民共和国治安管理处罚法》等基本法律，都明确了老年人的权益以及侵害老年人权益应当承担的法律责任。特别是《中华人民共和国老年人权益保障法》中，对老年人的居住条件、生活照料、生病治疗、经济收益、精神需求、婚姻自由、财产分配等方面的权利以及赡养人的义务进行了详细规定。这部新修订的《中华人民共和国老年人权益保障法》增加了"经常看望或者问候老人"。这表明我国法律不仅要求子女及其配偶对老人提供经济供养和生活照料，还要求子女在精神上关心和爱护老人，突出强调对老人的精神慰藉。加强对女性的法制教育，有利于增强女性的法制意识和权利责任意识，促使女性在生活中按照法律的要求自觉培养孝德意识。

（二）利用法律约束力抑制农村女性不孝行为的发生

我国法律具有规范性和强制性的特征，涉及保护老年人权利的法律一方面规范了子女赡养老人的具体行为，另一方面强制子女对老人进行赡养义务，保障老年人的权益。但是，我国法律在规定子女赡养老人方面更多的是应当怎么样、不得怎么样和禁止怎么样，缺乏对不履行赡养义务的惩罚性规定。同样，《中华人民共和国老年人权益保障法》还规定了"赡养人的配偶应当协助赡养人履行赡养义务"，缺乏对不协助赡养人履行赡养义务的配偶的惩罚性规定，而这种缺乏惩罚性条文的法律对人们的约束力是有限的。因此，制定相对具体的、合理的惩罚性法律条文可对人们形成威慑力，以抑制不孝行为的发生。

（三）坚持德法并举，提高女性孝德素质

部分地方特别是农村地区受传统风俗的影响很大，具体到养老方面就是养儿防老的观念根深蒂固，对女儿养老带有偏见。即使女儿在不继承父母财产的前提下对父母进行赡养，甚至是父母日常生活的主要照料者和情感生活的主要沟通者，这些地区依然对女儿的养老行为仍不认可，甚至有人会认为女儿是另有企图。这种传统的养老风俗使这些女性在娘家没有话语权，严重打击了她们赡养父母的积极性。除此之外，传统的养老风俗只强调儿媳对公婆的赡养义务，不强调女婿对岳父、岳母的赡养义务，这会使女性感到不公平。这种不公平的心理感受又会严重影响她们作为

儿媳赡养公婆的质量。因此,通过宣传法律知识、加强法制教育来改变传统的养老风俗,形成新型的男女义务平等的养老习惯,会激发女性自觉行孝的积极性。

另外,由于孝德是一个人思想品德的重要组成部分,要提高女性的孝德素质,需要对其加强道德教育,从整体上提高女性的思想道德素质。只有提高女性的道德素质,才能激发女性对生活和工作的热情,建立现代和谐的人际关系,从而提高自身的孝德素养。因此,坚持德法并举,有利于提高女性的孝德素养。

第八章

老龄化趋势下实现女孝文化的功能

第一节　传承女孝文化，培养良好家风

习近平总书记在 2015 年春节团拜会上强调："家庭是社会的基本细胞，是人生的第一所学校。不论时代发生多大变化，不论生活格局发生多大变化，我们都要重视家庭建设，注重家庭、注重家教、注重家风，紧密结合培育和弘扬社会主义核心价值观，发扬光大中华民族传统家庭美德，促进家庭和睦，促进亲人相亲相爱，促进下一代健康成长，促进老年人老有所养，使千千万万个家庭成为国家发展、民族进步、社会和谐的重要基点。"家风是一个家庭、家族在长期的生活实践中形成的文化风范。几千年来，孝道观念一直是中国人的核心价值观念，传承和践行孝道是传统家庭的核心内容，也是构建和谐家庭、形成良好家风的基础。准确理解传统孝道并在生活中正确地加以运用，对推动当前家风建设具有积极意义。

一、行孝道是正家风的首要任务

所谓家风，是指一家或一族世代相传的道德准则和为人处世方法。换句话说，就是指一个家庭在世代繁衍过程中逐步形成的较为稳定的生活方式、生活作风、传统习惯、道德规范。而良好家风则是社会主流价值观念在家庭观念中的体现。

养成良好家风，目的是使家庭成员养成符合家庭和社会所需要的道德品质，从而客观上起到维护家庭和睦、社会和谐的作用。传统社会良好家风的主旋律是传统社会的核心价值"仁"与"礼"，而"孝"则是"仁""礼"的基础，这就奠定了孝道在传统社会良好家风中的核心地位。

孝道一直以来都是中华民族的传统美德，是每个人都应该知道并且拥有的家庭道德。但是随着时代的发展，孝道慢慢地呈现出了一种退步的现象。这一现象的出现与我们当代的教育是分不开的，不管是学校的教育还是家庭的教育。在现代家庭中，几乎都摆着带有"家和万事兴"字样的图画，但是我们要知道，"家和"所呈现出来的恰恰就是这个家庭的孝道传承与良好家风。在古代，人们是十分重视孝道与家风的，如果家中出现了不孝的人，往往是要以家法的形式来教育的，以正视听。一个家庭的家风其实可以反映出很多问题，首先就是孝道，行孝道是正家风的首要任务，只有把子孙后代教育好了，让他们明白行孝道的重要性，才会起到正家风的作用。

在互联网时代，人们的生活方式发生了很大改变，科技在不断地进步。相信现在很多家庭都是这样的：工作了一天，回到家想要放松一下，于是就在沙发上坐着或者躺着玩手机，父母、孩子及爱人也都在玩手机。于是一家人都在玩手机，甚至几个小时都不会交流一句。家人之间如果连最起码的交流都没有，谈何行孝道、正家风？

对此，或许有人会有不同的意见：玩手机就会导致家风不正吗？玩手机就会说明孩子不孝吗？答案肯定不是，但是笔者认为行孝道、正家风的前提就是家人之间要有良好的交流，如果家人之间连最基本的正常交流都做不到的话，那么这个家庭正家风的任务就非常不容易实现，当然也不排除例外情况。而且行孝道、正家风应该从孩子很小的时候就开始，如果放任孩子的不良行为，可能家风也不会太好。

行孝道、正家风对于孩子的成长来说是十分重要的。一个注重行孝道、正家风的家庭一般都有一个良好的家庭环境。家是孩子的第一所学校，父母是孩子的第一任教师，只有家长认识到女孝文化教育的重要性，领悟到女孝文化的真谛，真正做到行孝道，才会让孩子们也学会如何行孝道，才能更好地正家风。

行孝道是正家风的首要任务，一个社会、一个家庭只有真正学习女孝文化，领悟到女孝文化的真谛，才能做到行孝道，进而正家风。家庭要注重孩子的孝道教育问题、重视家风问题，才会和睦，孩子在以后的生活及工作中才会顺利。因为一个人首先要学的就是做人，如果连做人的道理都不懂，即使在事业上取得成功，也不会得到别人的尊重。所以无论家长还是子女都要明白正家风的首要任务就是行孝道，因为只有子女孝顺，家庭和睦，家风才会正。

二、孝道重在敬亲、悦亲

孝"始于事亲","事亲"是孝的基本内涵。那么,要如何"事亲"呢?许多人只是将其狭隘地理解为要赡养父母、满足父母的衣食所需。但真的是这样吗?对父母的物质供养只是孝的初始要求,精神方面的爱敬才是衡量孝行的准绳。对于敬在孝道中的地位,孔子曾强调指出:"今之孝者,是谓能养。至于犬马,皆能有养。不敬,何以别乎?"意思是说,对待父母不仅仅是物质供养,关键在于要有对父母发自内心的真挚的爱。没有这种爱,不仅谈不上对父母孝敬,而且和饲养犬马没有什么两样。一个"敬"字,把人子养亲与养犬马区别开来。单纯在物质上满足父母,尚不足称为"孝","孝"要建立在"敬"的基础上,孝敬父母要真心实意。换句话说,"孝"包含着"养亲"和"敬亲"两个方面,只讲"养亲"而忽视"敬亲"的孝,不是真正的孝道。

敬亲以爱亲为基础和前提,只有建立在爱亲情感之上的敬亲,才是真正合乎孝道的。"敬亲"即尊重、爱戴父母,让父母得到人格的尊重和精神的慰藉。《大戴礼记·曾子事父母》中记载:"单居离问于曾子曰:'事父母有道乎?'曾子曰:'有!爱而敬。'"爱而不敬,非真爱;敬而不爱,非真敬;爱敬合一,方称得上明晓事亲之道。

爱敬之道,也是很多家风、家训所崇尚的。湖南益阳的《南峰堂龚氏家训》中明确要求子孙:"依依膝下,始终孝敬第一。"浙江绍兴的《唐氏宗约》中针对贫富之家子女对父母爱敬疏离的现象,一再重申爱敬合一的道理,其云:"寒素之门,其于父母不难于亲爱而难于尊敬,则藐忽易生;膏粱之家,其于父母不难于尊敬而难于亲爱,故阔绝多有其实。真能爱亲者,未有不敬其亲者也。爱则生敬,敬本于爱,爱敬总属一心,孝亲原非作意。"这些都突出说明了孝在精神层面的敬养之义。

敬亲必遵礼。在敬这一点上,孝与礼贯通一体。孔子所言"生,事之以礼",曾子所言"尽力而有礼,庄敬而安之",强调的都是在日常生活中时时处处都要表达出对父母的恭敬。甘肃兰州的《金城世孝堂颜氏家训十条》中细致罗列了子女敬养父母的礼节,即"凡吾子孙事父母,早起,必向父母问安,而后治他事。晚必俟父母寝,而后自卧。饮食必奉甘旨之物,衣服必应寒热之时。冬必进以暖具,夏必安于凉所。呼之必即应,有所使必从之，有所不许必不行。出必告以所往，反必告以所来。事无大小必请命。有疾必昼夜侍起居、奉汤药。岁时生日必具庆"。无论是冬温夏清、昏定晨省、出告反面，还是饮食起居、侍疾奉药、庆生贺寿，其间蕴含的无不是对父母的礼敬。

敬亲，要在悦亲上下功夫。悦亲，就是让父母精神愉快、心情欢悦。《礼记·祭义》中云："孝子之有深爱者，必有和气；有和气者，必有愉色；有愉色者，必有婉容。"根植于对父母的敬爱而表现出来的愉色婉容，是悦亲的基础。古人从生活实践中认识到，满足养体、养目、养耳、养口等物质需求并不困难，但要做到"承颜养色"等精神层面的悦亲却非易事，故而反复强调子女务必"内存深爱，外著婉容，冬温而夏清，昏定而晨省，竭力以服其劳，承欢以养其志，谨疾以解其忧，和家以致其顺"，"无论贫富贵贱、常变顺逆，只是以悦亲为主。盖'悦'之一字，乃事亲第一传心口诀也"。

三、将女孝文化融入家风家训中

2016年会见第一届全国文明家庭代表时，习近平总书记提出，"动员社会各界广泛参与，推动形成爱国爱家、相亲相爱、向上向善、共建共享的社会主义家庭文明新风尚"，在全社会掀起崇尚好家风、践行家庭美德的新热潮。传统女孝文化中养亲、敬亲、尊亲的观念与当前家风建设要求有内在的一致性，可以成为家风建设的有力支撑。

第一，在养亲中培育共建共享的风尚。孝养父母首先要养父母之体，就是要让父母在物质上有较好的享受，如在年轻时不要过度操劳，在年老时有安逸且衣食富足的生活。这就需要子女承担起家庭的责任，尽到自己作为家庭一分子的义务，积极为家庭付出，努力贡献自己的力量，由此形成共建共享的家庭风尚。

第二，在敬亲中培育相亲相爱的风尚。敬亲就是发自内心地感恩父母、敬爱父母，尊重父母的感受，顺从父母的心意，做父母的"贴心小棉袄"。所谓敬亲，其本质是一种爱人之心、敬人之心和感恩之心。所谓"孝悌，其为认之本与""亲亲而仁民，仁民而爱物"，即是说孝是仁爱之心的根本，由爱父母到爱百姓、爱天地万物。所以，通过敬亲、爱亲，人就会拥有爱别人的能力，自然会懂得如何与别人相亲相爱，从而形成相亲相爱的道德风尚。

第三，在尊亲中培育爱家爱国的风尚。孝并不是只爱父母，不是一种狭隘、自私的爱。"大孝尊亲"，孝可以向多方面延伸和升华到更高的境界，如"居处不庄非孝""为友不信非孝""莅官不敬非孝""战阵不勇非孝"等。爱父母仅仅是孝道的开始，更重要的还在于立身行道，为社会、为民族、为国家尽到自己的责任，作出自己的贡献。所以，孝最终表现为一种博大的志向和爱国为民的家国情怀、爱家爱国的道德风尚。

第二节　实现女孝文化育儿教子的功能

2015年10月，教育部印发了《关于加强家庭教育工作的指导意见》，进一步明确了父母在家庭教育中的主体责任，同时对父母提出了更高的要求。同时，家庭教育质量中的母亲角色问题、女孝文化育儿教子功能也逐渐受到关注。发扬和传承女孝文化，教育好子女不仅是母亲的个人职责，也是社会责任。对女孝文化育儿教子功能的研究，一方面能让母亲深刻意识到自身对孩子的影响之大，继而努力提高自身素养；另一方面也可加深社会对母亲角色的认识以及对女孝文化的认识，从而引起全社会对母亲的尊重和对女孝文化的关注。

一、母亲对孩子教育的重要意义

从女孝文化的内涵中可以看出，女性在家庭中承担着重要的责任：侍奉公婆、掌管家务、劝谏丈夫、生儿育女。这影响的不仅仅是一代人，而是两代甚至三代人。所以古人有"娶妻不贤毁三代"的说法。

在孩子的成长过程中，母亲对孩子的影响主要突出体现在以下几个方面：一是母亲对孩子教育的及早性。一个人智力发展和开发的最佳时期是在5岁之前，而这段时间孩子大部分是跟母亲一起度过的，母亲的言行表现直接呈现在孩子面前，以图示的形式存在于孩子的大脑中。当他们面临同样的境遇，从大脑中提取有关指导行为的信息时，存在于大脑中的表象及图示首先起作用，以指导他们的言行。二是母亲对孩子教育的持续性。母亲是孩子成长过程中的第一位老师，更是孩子的终身老师，即使孩子立足社会、独立生活，在母亲眼里，他们终究是孩子，母亲的教育也将持续不断。三是母亲对孩子教育的唯一性。母亲是孩子生命的发源地，是孩子生活与健康成长的依靠，在孩子心中，母亲具有至高无上的绝对权威，因为她是唯一的、不可替代的。

家庭中，只要孩子与母亲生活在一起的时间足够充分，母亲的言行举止、思维方式等就会潜移默化地影响孩子的一言一行。主要体现在以下几个方面：一是在思想意识领域，母亲的为人处世、道德修养会成为孩子不经意的标杆，为孩子的人格形成奠定基础。二是在孩子行为举止的养成过程中，母亲的言行举止以润物细无声之势影响着孩子。孩子的言行归根结底是母亲言行的一面镜子。三是在孩子的社会化形成过程中，母亲的性格无不影响着孩子个性的形成，引导孩子世界观、人生观和价值观的形成。

二、母亲对孩子的两种错误教育方式

母性的生理本能使母亲承担了对孩子的大部分教育责任，但现实情况表明，并不是所有的母亲天生合格。有调查表明，有超过73%的准妈妈在怀孕期间没有做好成为母亲的心理准备，对育儿知识也是知之甚少。待孩子出生，母亲对孩子的教育大多是靠长辈传授，缺乏科学的育儿理念和知识，或者不能科学筛选有效的育儿信息，以至于存在一些错误的教育方式。

一是只严无慈的专制式教育。这种教育方式下的母亲通常缺乏正确的子女教育观，不尊重子女，甚至把子女当作自己的私有财产，把自己定位在家长的位置上，对子女严加管教，一旦子女犯错误便严厉呵斥，甚至棍棒相加；缺乏正确的人才观，认为学习成绩胜过一切，过分关注孩子在知识学习方面的信息输入和积累，千方百计把孩子送到各种培训班学习，重知识灌输、轻能力培养；缺乏正确的健康观，认为只要孩子身体不生病就是健康，殊不知孩子常年累积下来的负面情绪会导致心理疾病。据调查，有65%的孩子不愿和严厉型母亲说心里话，母子间的沟通交流自然困难。生活在这种环境下的子女或是胆怯，或是逆反，容易走向两个极端。

二是只慈不严的溺爱式教育。这种教育方式下的母亲会不管实际情况而全力满足孩子的一切要求，无论合理与否；会一味地迁就孩子，对孩子任性的做法、骄横的态度一笑了之，让他们从小就过着"衣来伸手、饭来张口"的生活；会过度保护孩子，无论孩子做什么事情，哪怕是侵犯到他人的利益，仍然能毫无原则地支持保护孩子。这种教育方式，轻则导致孩子无法顺利融入社会，重则危害长辈、危害家庭，甚至危害社会。

三、转变教育方式，做到严慈相济

孩子是全家人的希望，每位母亲都希望自己的孩子能够平安、健康、快乐地成长、成才，成为对社会有用的人。如何才能实现这一点呢？从前面所讲述的两种错误的教育方式可以看出，一味慈爱或者一味严格都达不到良好的教育结果。这就要求母亲在教育子女时，不可无严，更不可无慈，要做到严而有慈、慈中有严。既体现出母亲的尊严，还能将母亲的慈爱展现出来。具体来说，需要做到以下几点。

一是调整教育观念，端正教育孩子的态度。在思想上，母亲要把孩子当作一名普通的家庭成员，与孩子平等交流、沟通，不要让孩子享受特殊的权利与待遇。还要树立一种观念，即孩子是自己的，但同时是社会的，自己是孩子人生中的第一位老师，要肩负起培育孩子的重任。单纯地让孩子吃好、穿好、用好是片面的，单纯地培养智力也是片面的，母亲应注重孩子的全面发展。

二是对待孩子的要求要认真分析，准确判断，教育孩子要懂得知足的道理。需求是人的本性，而且随着孩子越来越大，其需求将会越来越多。但要根据家庭的实际情况来满足，并且只能满足有利于孩子身心健康的需求，不能对孩子百依百顺、有求必应。同时，应该让孩子懂得满足。有时候，对待孩子的要求，可以"延迟满足"，当孩子非常强烈地想要得到某一样东西的时候，不要立即就答应购买，而是可以说等到重大节日的时候再给他买，推迟满足孩子物质欲望的时间，降低满足的水平，减少满足的次数。此外，要让孩子懂得，想要实现愿望，需要自己去争取，愿望是要经过辛苦的劳动、艰苦的努力去实现的。

三是家庭成员要各司其职，防止出现隔代人溺爱的现象。教育孩子是父母的职责，但由于我国的实际情况，很多孩子是在祖父母或外祖父母身边成长的，这就很容易出现溺爱孩子的情况，对孩子有求必应。有这样一个比喻，可以让我们知道每个家庭成员在教育孩子的问题上应该处在什么位置：家庭教育工作就好比是一个球队，孩子是球员，父母（特别是母亲）担任的是"主教练"，祖父母（外祖父母）是"副教练"或称"陪练"。这也说明，在教育孩子的问题上，祖父母和外祖父母担任的虽然是监督、养育的职责，但只是辅助作用，不能越权，不能代替孩子的父母行使教育权。虽然孩子的父母工作忙，压力大，但若完全将抚养孩子的责任推给上一代人，就是不明智的选择。无论多忙，请抽出一定的时间陪陪孩子，关心、关注、关爱他的成长，并注意学习如何用科学的方法来教育孩子，做孩子心目中最值得效仿的人。

四是培养孩子的自理能力和爱劳动的习惯。孩子的可塑性是非常强的，早早地培养孩子，训练其做一些力所能及的事情是很容易的，收到的效果也很好。如果等孩子长大了，已经养成了衣来伸手的习惯就很难改变了。在培养孩子自理能力上，要有足够的耐心和信心，给孩子留出时间和空间。可能这个过程有些长，母亲要一遍又一遍地重复教孩子一些动作、技巧，但绝不能因为看孩子做得太慢，就产生干脆帮他做的想法。孩子的学习能力是很强的，他们在这个世界上很渴望学到知识和技能，但这些都需要母亲在与孩子相处的生活点滴中慢慢传输，让他们逐步形成一种观念，养成一种习惯——自己的事情自己做。同时，可以在家庭生活中分出一部分家务交给孩子来完成。这对于培养他们的生活自理能力，增强其自信心，乃至对他们以后的生存和发展都有非常重要而深远的实际意义。

五是要联合其他家庭成员在教育上形成合力。在教育孩子的问题上，要达成一致意见，要同心协力，统一教育理念、教育方式，让每个人的长处集合在一起，这样才能让教育取得更好的效果。比如，当孩子提出一个不是很合理的意见时，所有的家人都对其持否定的态度；或者孩子犯了错，所有家人都对其进行批评教育；再或者孩子取得了进步，所有的家人都表扬他。只有做到这样，才能让孩子按照已经统一的认识去实践。

第九章

老龄化趋势下古代女性孝道教育的当代启示

第一节　古代女性孝道教育论述

一、女性之孝道义务与规范

在中国传统的孝道文化中，女性一生之中，以其人生阶段的不同，分别扮演了女儿、妻子、母亲三种角色，一生之中处于女卑"三从"的地位，即未嫁从父、既嫁从夫、夫死从子。在这三个不同时期，就孝道义务而言，就是在家孝顺父母，嫁人后孝顺公婆并要勉夫行孝，这是小辈对长辈尽孝的义务。此外，还要生儿育女、承续香火，这可以视作对家族的孝。

女子的第一角色是女儿，因此其孝道义务首先是在家孝父母。《劝妇女尽孝俗歌》中写道："世间万般不为奇，唯有孝顺真是宝。从今听我劝孝歌，在家先将双亲孝。"如何孝顺父母？其义务无非还是养、敬、祭等。但在养的问题上，似乎男子与女子所承担的义务重点有所不同，在家有男丁的情况下，从物质上供养父母（所谓养家糊口）之责任重在男子，而女子之孝重在对父母生活起居的侍奉。《女论语·事父母章》中写道："女子在堂，敬重爹娘。每朝早起，先问安康。寒则烘火，热则扇凉。饥则进食，渴则进汤。……父母年老，朝夕忧惶，补联鞋袜，做造衣裳。四时八节，孝养相当。父母有疾，身莫离床。衣不解带，汤药亲尝。"当然，在家无男丁的情况下，赡养父母的责任就落在女子身上。

在养与敬的关系上，同样是强调敬比养更为重要，《内训·事父母章》中写道："孝敬者，事亲之本也。养非难也，敬为难。"由于女子在出嫁前，生活范围被限定于家庭之中，在家中又处于从属地位，与父母的矛盾冲突较少，更容易做到出于爱心的自然感情基础上的敬，所以在这方面的教训并不多。

在丧祭之追孝方面，虽主要责任在男子，但女子对父母先人之孝思与义务则应是相同的，也要丧之以哀，祭之以礼。《女论语·事父母章》中写道："设有不幸，大数身亡，痛入骨髓，哭断肝肠。劬劳罔极，恩德难忘。

衣裳装殓，持服居丧。安埋设祭，礼拜家堂。逢周遇忌，血泪汪汪。"

　　《女孝经》无事父母专章而有"事舅姑章"，可见在女孝中，更为看重后者。该章内容为："女子之事姑舅也，敬与父同，爱与母同。守之者，义也；执之者，礼也。鸡初鸣，咸盥漱衣服以朝焉。冬温夏清，昏定晨省，敬以直内，义以方外，礼信立而后行。"《女孝经·广要道章》中云："女子之事舅姑也，竭力而尽礼。"这些内容论述了事舅姑的基本义理与义务。《劝妇女尽孝俗歌》中则对这种义务表达得更为具体详备："出门就要孝公婆，不比爹娘差多少。丈夫本是公婆生，你也就是女儿了。说话不可使高声，公婆是大你是小。侍奉不可好懒惰，你年少壮公婆老。行孝也不是难事，各事存心要乖巧。洁治碗盏进茶汤，浣洗衣裳勤洒扫。一切食物要细煨，莫教公婆费嚼咬。一切用物要收拾，莫教公婆费寻找。公婆倘要责备你，快将性气来忍倒。"在侍养与敬顺之间，更为重视后者。《内训·事舅姑章》中也写道："舅姑者，亲同于父母，尊儗①于天地。善事者在致敬，致敬则严；在致爱，致爱则顺。专心竭诚，毋敢有怠。此孝之大节也，衣服饮食其次矣。……舅姑所爱，妇亦爱之；舅姑所敬，妇亦敬之。乐其心，顺其志。有所行，不敢专；有所命，不敢缓。此孝事舅姑之要也。"

　　事父母与事公婆从道理上讲是一样的，但在实践中则是有很大差异的。父母是自己生命之赋予者，父母又有养育之恩，自然是情感多于理性，而公婆则是因为与丈夫的婚姻关系才有的伦理关系，自然是理性多于情感。《女论语·事舅姑章》中要求妇人敬事公婆的态度就充分体现出这种理性多于感情、敬意多于爱心的情形。"敬事阿翁，形容不睹，不敢随行，不敢对语，如有使令，听其嘱咐。姑坐则立，使令便去。"意思是说，对公公，连看都不能看，对婆婆，则只能听其使役。翁媳之间，要有男女大防，因此"媳妇于翁，殊难为孝，但当体翁之心，不须以向前亲密为孝也。……婆与媳虽如母子，然母子以情胜，婆媳则重在礼焉"（清·唐翼修撰《人生必读书》）。

　　无主体情感驱动的外在伦理责任，要实行起来，最重要的就是依赖曲从。《女诫》中则有"曲从"专章论述女子侍奉公婆之道，重在曲从。"然

---

① 儗（nǐ）：比拟。

则舅姑之心奈何？固莫尚于曲从矣。姑云不，尔而是，固宜从令；姑云是，尔而非，犹宜顺命。勿得违戾是非，争分曲直。此则所谓曲从矣。"《劝妇女尽孝俗歌》中还为这种曲从提供了一个例证，"古时有个孟日红，她的婆婆性气躁。丝毫无事詈[①]骂她，还要毒打用藤条。减尅[②]饮食不与吃，气息奄奄像饿殍。一朝婆婆得重病，她割股肉去煎炒。家堂菩萨齐掉泪，这等孝媳何处找。婆吃股肉病痊愈，又要将她来咆哮。孝妇一毫不怨恨，女中状元真矫矫。载在圣谕灵征上，莫说此事没稽考"。

作为女子，不仅要敬事公婆，而且要敬奉祭祀男方家族的祖先。《内训·奉祭祀章》中写道："人道重夫昏礼者，以其承先祖共祭祀而已。故父醮子，命之曰：'往迎尔相，承我宗事。'"意思是说，人重视婚姻而娶妻子，在古代社会一方面要生儿育女，传宗接代，另一方面为人妇则要帮助丈夫共同履行祭祀祖先之义务，要提前准备好祭祀要用的衣服、食品、祭器等。不仅要自己尽孝，而且要劝夫尽孝。"语云：'孝衰于妻子。'此言极为痛心，故媳妇以劝夫孝为第一"（清·唐翼修撰《人生必读书》）。

古时女人为妇后必然为母，即使不生育，也会成为别子之嫡（或庶）母。以儒家之孝道要求，无后是最大的不孝。在古代中国往往把不能生育的责任全推在妇女身上，因此妇女对家族应尽的首要孝道义务是生儿育女，使家族香火不断。《三字女儿经》中写道："最不孝，斩先脉，夫无嗣，劝娶妾，继宗祀，最为切。"不仅生育子女是为人妇对家族应尽的孝道义务，而且教育好子女也是妇女不可推卸的孝之责任。在《女孝经》中，有"胎教章""母仪章"，皆言女性教子之要。其中"胎教章"说道："人受五常之理，生而有性习也。感善则善，感恶则恶，虽在胎养，岂无教乎？古者，妇人妊子也，寝不侧，坐不边，立不跛；不食邪味，不履左道；割不正不食，席不正不坐，目不视恶色，耳不听靡声，口不出傲言，手不执邪器；夜则诵经书，朝则讲礼乐。其生子也，形容端正，才德过人，其胎教如此。""母仪章"则要求为人母要教子以孝，要教导子女"出必告，返必面；

第九章 老龄化趋势下古代女性孝道教育的当代启示

171

---

① 詈（lì）：骂。
② 尅（kè）：同"克"。苛刻，刻薄。

所游必有常，所习必有业。居不主奥，坐不中席，行不中道，立不中门。不登高，不临深，不苟訾，不苟笑，不有私财"。这些内容正是《礼记》中规定的为人子的具体行孝规范，而教导子女，正是母亲对家族应尽的孝之义务。

二、传统女子孝行的特点

以我们今天所能看到的文献记载来看，对女子孝道实践的记载大都属于事变之道而非事常之道。从记述内容的性质来看，更多地体现出传统孝文化压迫、牺牲女子的利益、幸福乃至生命的残酷性与消极性。这便是传统女子孝行的总体特点。

所谓事常之道是指日常生活中侍奉父母的孝道实践。由于男女的自然分工，女性肯定会在日常生活中侍奉父母、操持家务、教育子女等方面做得更多，其在孝道方面的这些细微贡献也许被认为是过于平凡，亦被当作是理所当然的。还由于女子在古代社会中处于从属地位，因而这些事常之道并没有在史书上留下太多的记载。女子的孝行要在历史上留下记载，必须是有卓异壮烈之行。那么这种行为只能发生在常规情况发生变异的时候，因此女子之孝行记载大多是事变之道。比如在作为女儿的阶段，往往记载的是家中无儿子情况下的女子孝道实践；妇人阶段则是丈夫从军、经商、去世等情况下的妇人事舅姑之道。上述属于家庭中的变故，还有社会中的变故，如战争、灾难、获罪、履险等。比如"浣纱女殉母全贞""李女断发誓养亲"两则故事，讲的都是女子在家无兄弟的情况下为了养母而终身不嫁，牺牲自己终生幸福而尽人女之孝道。《二十四孝》中所记的晋代杨香"扼虎救亲"，说的是女救父难；"缇萦救父书陈情"所记的则是女救父罪；"木兰从军"的故事说的是在战争状态下女儿代父戍边。《二十四孝别录》中所记的汉代赵娥"血刃仇人"则说的是女儿为父报仇。这些无一不是临变之孝。也许女儿对父母更为情深意切，因而这些孝烈之举多为女儿所为而非媳妇。而对媳妇的记载则更多的是在丈夫外出或去世时，如何以其贞孝、节孝、烈孝事公婆，比如：《二十四孝》中所记唐代崔唐氏"乳姑不怠"，讲述的是由于其婆婆老而无牙，崔唐氏竟以其乳喂婆婆，使其健康长寿；"陈孝妇顺夫养姑"说的是汉代陈氏在丈夫从军赴战场前受其托，如其战死而不能归，则托陈氏养其母，后来其夫果然战死，陈氏乃守节不另嫁而养姑28年，以80余岁的天年而终；"卢氏护姑冒白刃"所记的是唐代郑义宗之妻卢氏在深夜强盗袭其家要加害于婆婆时，她舍己身而护婆婆的事迹。后两则故事写的也是妇人临变时的孝行。这些事迹虽均为孝，但从行为特点上来说均有一些卓异壮烈之处，因而《列女传》从其记述"诸女"事迹之角度来说是"列女"（有罗列之意），从其行为特点来看则为"烈女"。当然，后世之"烈女传"中虽也有孝女之记载，但大多专指不畏强暴、以死守贞或以死殉夫之举。

  从内容上看，女子之孝行大多是以牺牲女性的利益、幸福乃至生命为代价的。如上述女儿之不嫁，是牺牲女子的幸福，"扼虎救亲""血刃仇人"要冒生命危险。据《明史》所记孝女诸娥，为父申冤，甘卧钉板，这要受皮肉之苦；木兰从军，女扮男装，戍边沙场，这对一个少女来说多难啊；女子守节本已很难，还要奉养公婆，牺牲终生幸福以行孝，面临危难还要以其生命保护婆婆，这实在是太不易。最残酷的是传统孝道宣扬女子要以牺牲自己的生命去尽孝道。比如在历史上最早也是最有名的孝女故事是汉代曹娥"投江觅父"。其父落水而死，娥年仅14岁，沿江哭泣17天，终投江而死，几天后，她与父亲的尸体一同浮出水面。后代竟为之立碑建庙，予以表彰，后世类似记载还有很多，这典型地体现出传统孝道"死人拖死活人"的消极性。表达追孝不能以伤生害命为代价，否则是毫无意义的牺牲，但这却受到封建社会的支持与表彰，表现出对女性生命的漠视。不仅她们要牺牲自己，有时还要牺牲自己的儿女去尽孝道，如元代有一赵氏孝妇，夫早亡，姑老，因家贫无钱买棺材，赵氏竟然把自己的儿子卖了，以换钱给婆婆买棺材。这对女性来说是多么残酷的事，然而赵氏竟然是自愿去做的，这也可见传统孝道对妇女的毒害有多深，女性完全成了传统孝文化中糟粕的牺牲品。这也反映在著名故事"窦娥冤"中，汉女窦娥，嫁人不久，夫死，守节不再嫁，事姑以孝，婆婆劝其改嫁，窦娥不从，婆婆竟自缢死，其女控告为娥所杀，昏官错判，使娥含冤而死。

第九章 老龄化趋势下古代女性孝道教育的当代启示

173

三、关于传统女孝的几点认识

（一）女孝之重要地位

百善孝为先，孝不仅是男子首要的伦理义务，也是女子的首要伦理义务。有男女才有家，孝是维护家族稳定与和谐的基本道德，离开了女性的实践而仅有男子的实践是不行的。因此女孝也受到重视，且是治家安邦的要素之一。陈邈妻郑氏在其《进〈女孝经〉表》中说"五常之教，其来远矣。总而为主，实在孝乎！夫孝者，感鬼神，动天地，精神至贯，无所不达……上至皇后，下及庶人，不行孝而成名者，未之闻也"。《女范捷录》中云："男女虽异，劬劳则均。子媳虽殊，孝敬则一。夫孝者，百行之源，而犹为女德之首也。"《内训》中说："孝悌，天性也，岂有间于男女乎？"从古代丈夫休妻的"七去"中，也可反证出女孝的重要性。"七去"是古代封建礼教下丈夫可用以遗弃妻子的七种理由，丈夫根据其中任何一条，都可以休弃妻子。"七去"最早见于《大戴礼记·本命》和《列女传》；又叫"七弃"，见于《公羊传·庄公二十七年》（何休注）；亦叫"七出"，见于《孔子家语·本命》之记载，"七出者：不顺父母，出；无子，出；淫僻，出；嫉妒，出；恶疾，出；多口舌，出；窃盗，出。不顺父母者，谓其逆德也；无子者，谓其绝世也；淫僻者，谓其乱族也；嫉妒者，谓其乱家也；恶疾者，谓其不可供粢①盛也；多口舌者，谓其离亲也；窃盗者，谓其反义也"。这"七出"前两条直接表达的是孝的内容，不孝顺父母，要"出"，"不孝有三，无后为大"，因此"无子"要"出"。其后四条的解释：乱族、乱家、不可操办祭品、离亲均是不孝，不符合孝道维护家庭、家族和睦稳定的价值目标。与"七出"相配合，还有"三不去"，其中一条是"与更三年丧，不去"。也就是说，妻子曾与丈夫一起为公婆服过三年之丧的孝道，则不能被休弃。上述可见女子之孝对家族、个人命运的重要性。

（二）女孝的作用重在睦亲和家

一般言孝的外用，是将孝推及社会政治之中，移孝作忠，以孝治天下。这实际上讲的是男人之孝的外用，因为在古代中国，只有男人才有参与政

---

① 粢（zī）：古代供祭祀的谷物。

治的权利和机会，绝大多数妇女均被束缚于家庭之中，因此，女孝的作用在于"古者淑女之以孝治九族也"（《女孝经·孝治章》）。男主外，女主内，妇女实际上是家庭生活的内当家，因此"睦亲之务，必有内助"；还因为妇人是家族中的外姓人，与家族成员没有血缘关系，因而容易形成间隙。《内训·睦亲章》中写道："凡一源之出，本无异情，间以异姓，乃生乖别。"故女子要首先孝敬公婆，以此爱敬之精神推广，要和合叔妹妯娌，睦九族，"疏戚之际，蔼然和乐。由是推之，内和而外和，一家和而一国和，一国和而天下和矣，可不重与？"

（三）女孝性质的两重性

女孝与男孝一样，在性质上均有两重性，也是精华与糟粕并存。

女性在未出嫁之前，孝事双亲，这多半出于自然亲情。女子在古代社会没有财产继承权，也不存在在家里争地位的情况，因而与父母较少有伦理冲突，而多有在共同生活中的相互关心、体贴与照顾，这必然进一步加强自然亲情。长上慈爱哺育幼下，幼下孝敬侍奉长上，这是人类家庭生活的需要，也体现出其本身的合理性。要求为人妇者孝敬公婆，这也是家庭或家族生活的客观需要。妇女孝道的弘扬与孝道的实践在历史上也确实发挥了维护家庭与家族和睦稳定的客观作用，尽管这是以压抑妇女的个性解放为代价的，但在当时的历史条件下仍然是必要的。为人母者对家族的孝道责任要求生儿育女、传宗接代，不仅要生养，还要教育子女，这些对于民族的繁衍与进步都发挥了积极作用。孟母三迁、岳母刺字，这些母教的佳话之所以千古流传，本身就证明它是有价值的。总之，在家孝敬父母、出嫁孝敬公婆、生子教子、为人母仪，这些思想在今天仍然是有积极意义的。

当然，我们也要看到传统女孝的消极一面。孝是女子道德的重要德目之一，从总体上来说，它是服从于"三从四德"的封建女子道德的总精神的，体现着夫权、族权、政权、神权对女子的压迫，体现着男尊女卑、男主女从的封建主义价值导向。我们绝不可脱离这样一个观察女孝问题的历史背景，虽然女孝不像男孝那样"移孝作忠"，直接起到维护封建统治的作用，但是它在某种程度上也以其维护家庭稳定的作用而间接地维护了封建统治。当然，传统女孝的消极性主要还是体现在它极大地压抑了妇女的人格和个性解放。传统女孝要求妇女要以对上天的态度对待丈夫和公婆，要甘心处于"卑弱"之地位，要不分是非一味曲从公婆，甚至可以任其打骂，"有差错，亲要打，欢欢喜喜来跪下""打了要像莫打样""打了不把样子做""纵然是，公婆错，人就问你莫乱说"（清·麓洞主撰《妇女一说晓》）。无子甚或有子也要支持丈夫纳妾，这些都是极不平等的。前文所述的女子因孝行而牺牲自身的利益、幸福甚至生命，则更是残忍的、消极的历史糟粕。

第二节　古代女性孝道教育的当代启示

一、"为人女"者的孝道教育启示

"为人女"是女子的第一个社会角色，古代女子的孝道教育内容要求为人女者要孝敬、孝顺自己的父母，这在当代仍有重要的意义。当然，随着时代的发展与变迁，为人女者孝顺父母被赋予了新的内容。随着社会的发展，女子也要外出学习、工作，对内养家糊口挑起生活的重担，对外服务社会担起必要的社会责任，她们不能像古代女子那样大门不出、二门不迈地退居后院，整日陪伴在父母左右。因此，当代为人女者要用发展的眼光来批判地继承古代女子孝道教育的内容。

以古代女子孝道教育内容为基础，当代为人女者的孝道教育内容应包括：第一，要赡养父母，为他们的生活提供物质基础，保障他们居有定所，衣食无忧，病有所医，老有所养，成为他们老年生活的坚实后盾。第二，在做到上述内容的基础上，还要保证他们"老有所乐"，要敬爱父母，时常为他们提供精神安慰。女子孝道教育的核心，在于对父母充满敬爱之情，这种"敬"是对父母的感恩与尊重，更是发自内心的本能所流露出的深深爱意。只有做到"敬爱父母"，才能恰到好处地在精神方面抚慰父母。

为什么现代社会中孝道文化、女孝文化逐渐没落，归根结底就是现在的年轻人对孝道文化的认识不足。随着每个个体的成长，面对纷繁复杂的社会，他们的内心变得浮躁，有的人追逐名利，有的人追逐所谓的成功。有一部分年轻人自认为孝敬父母就是给他们最好的物质生活。他们认为自己的成功在于赚到很多钱，这里所谓的成功就是世俗意义上的成功。他们以为在物质上对父母尽到了最好的孝道，自己出人头地就是给父母长脸。诚然，这样的孝道也许会让父母得到安慰，但是他们却忽视了对父母的问候，其实这也是一种不孝，这也是对孝道的认识不足。父母需要的孝道很简单，多回家看看，这意味着子女是很在意他的。所以，为人子女，要在生活的细节中去关注父母，这看似简单，却有很多人做不到。

在当今社会，当儿女生活上能够独立了，他们便很少与父母同住，而父母随着年龄的不断增长，交际圈子会逐渐缩小，人际互动也逐渐减少，缺乏情感的支持与关爱，有的甚至引发情感危机。所以，为子女者要多与父母沟通，常回家看望父母，培养、支持父母的兴趣爱好，拓展父母的交际空间，使他们真正能够老有所乐，安享天年。为子女者将现代孝道教育内容运用到实际生活中，在微观方面，有利于促进代系、家庭和睦，在宏观方面，有利于以家庭养老的方式承担社会责任，在一定程度上减缓了由"老龄化"带来的一系列社会危机。

二、"为人妻（妇）"者的孝道教育启示

"为人妻（妇）"是女子的第二个社会角色，古代女子的孝道教育内容首先要求为人妻（妇）者对婆家的舅姑（公婆）尽孝道。除此之外，还要对夫家的整个家族尽孝道，这主要包括：处理好与家族不同地位的人的关系、掌管家务、绵延香火、教儿育女及祭祀祖先。同时，还要劝诫丈夫行孝，并且勉励他积极上进。在当代，随着社会分工的不同，空间上的分离及家族观念的逐渐淡漠，这一部分的孝道教育内容主要有：孝敬公婆和夫妻间相敬如宾。

为人妻（妇）者的孝道对于一个女性来说，是其出嫁之后，面对自己的小家庭而必须要尽的孝道。古代女子出嫁之后就要事事听从夫君的安排，侍奉公婆。这对当时封建社会的家庭的稳固起到了积极作用，对封建社会的统治也起到了不可忽视的作用。这类家风家训都是比较严格的，执行力

度也非常大。在世界上，中国的女孝文化是很有特色的。其中可以窥见中国传统妇女的优良品质，虽然她们处在卑微的地位，但是却可以遵守自身的处世规则，实在难能可贵。

　　古代女子的孝道教育内容要求为人妻（妇）者在对舅姑尽孝道的时候要"敬爱同父母"，这是要求作为媳妇，孝敬公婆时要如同孝敬自己的亲生父母。作为媳妇不仅要悉心照料他们的日常生活，更要对公婆敬爱、尊重、感恩。虽然对媳妇孝敬公婆提出了要求，但是较之女儿孝敬父母，确实较难实行。这主要是因为在母家，女子与父母有着天然的血脉亲情关系，为人父母者慈爱养育子女，为人子女者孝敬父母，这是容易实行的；而婆家的舅姑（公婆）本身与为人妻（妇）者并无血缘关系，有的只是道德、法律上的亲情关系，在出嫁之前也与他们无往来，是十足的陌生人。因此与自然亲情相比，事舅姑只是出于道义，实施起来比较有难度。正因为如此，在古代女子的孝道教育内容中，在任何时期都要求"舅姑之孝敬与父母同"，这一点在当代仍然很有现实意义。为人妻（妇）者对待公公婆婆，要像对待自己的亲生父母一样。其一要赡养公婆，向他们提供物质保障；其二要敬爱公婆，向他们提供精神安慰。除此之外，还要多理解公公婆婆，由于年龄的差距与生活经历的不同，双方在处理问题时会产生分歧，这就要求女子勤与公婆沟通，多理解、体谅他们，不要苛求和计较。老年人害怕孤独、寂寞，做儿媳妇的要多抽时间陪陪他们，比如多去看望他们，耐心地和他们聊天说话，让他们切实感受到温暖的亲情，给他们带去实实在在的快乐。这样做，不仅使为人妻（妇）者践行了孝道教育的内容，对公公婆婆尽了孝道，更在很大程度上促进了家庭的和睦与和谐。

　　古代女子的孝道教育内容，要求妻子在生活上悉心照料丈夫；尊重丈夫，与其相敬如宾；当丈夫犯错时，还要用智慧劝说他，勉励他奋发图强、不断进取，并督促他尽孝道。随着时代的发展，古代女子的孝道教育内容在处理夫妻关系方面，已经逐渐突破了以前妻子一味曲从丈夫、绝对服从丈夫的状况，但还有很多内容在当代仍然具有合理性，我们应当将其发扬下去，比如：在生活中关心丈夫的饮食起居，丈夫饥寒时，要"进衣进食"；丈夫外出未归时，要"寻思停灯温饭，等候敲门"；丈夫生病时，要"问药""百般治疗"。总之，在日常生活方面，强调夫妻之间要举案齐眉，互相关心照顾。在事业方面，妻子还要助丈夫一臂之力，帮助他立业。丈夫的言行如果有失偏颇、违背礼数，身为妻子则一定要劝诫；丈夫如果行恶，妻子更应该果断阻止，并且要谆谆劝诫丈夫趋善避恶，做丈夫的贤内助。除此之外，妻子还要与丈夫"同舟共济、相濡以沫"。俗话说："锦上添花易，雪中送炭难。"这就要求妻子不但要在丈夫春风得意时为丈夫敲响警钟，更要在丈夫穷苦失意时悉心宽慰、关心照顾丈夫，为丈夫送去温暖。为妻者，宜为好语劝谕之，勿增慨叹以助抑郁。上述内容，不仅体现了夫妻之间相敬如宾的礼节，更重要的是道出了夫妻在日常生活中相亲相爱的相处原则，这些在当代仍然十分受用，它对建立和谐美满的婚姻家庭，有着积极的促进作用。

说到行孝道、正家风，大家所想到的对象就是父母与子女，可能很少有人会考虑到作为人妻者身上也是肩负着行孝道的重要责任的。作为人妻，在嫁人之前，要对自己的家人践行孝道，嫁为人妻之后，又要对丈夫那边的家人践行孝道。所谓娶妻娶贤，就是这个道理，很多家族能够强大就是因为他们家族中的女性十分优秀。女性用女孝文化来武装自己，就会让自身在思想上迈上一个更高的台阶，眼界就会更加宽阔，心胸也会更加宽广，她们对于家庭成员就会给予更多的宽容和爱，丈夫会因为妻子的贤惠而拥有更加坚实的后盾，在整个家庭的建设中就会发挥更大的作用，孩子也会更加健康地成长，老人也拥有更多的快乐。

三、"为人母"者的孝道教育启示

人们都说"为人母"者是孩子的第一任老师，这是很有道理的。首先"为人母"者必须要有正确的价值观，如果一个母亲没有正确的价值观，她就不可能培养出优秀的孩子。一个母亲如果自身都没有女孝方面的意识，在家里不尊重长辈，不体贴丈夫，不孝敬公婆甚至自己的父母，那么她就担不起家庭的重担，也不可能承担起一个家庭的希望。因此，要想让一个孩子在母亲的教育下健康成长，就必须提升母亲的思想意识。女孝文化的教育就可以达到这样的目的。在农村，虽然有很多不利因素，比如妇女的思想文化层次较低，环境比较闭塞，还有一些不良习气，但是在广大的农村也有女孝文化的土壤，一方面是我国古代悠久的传统，一方面是淳朴的民风。因此，农村妇女如果能够在相对落后的环境中认识到女孝文化的作用，在自己的家中做好一个母亲对于女孝文化的表率作用，在乡亲中形成对于女孝文化的相互效仿和竞争，那就可以在一个家庭中营造好的家风，建立起更加有人情味，更加注重人与人之间、晚辈对长辈之间的情感，让新农村建设绽放出更加美丽的花朵，让一代代的农村孩子得到更好的教育，成长为更加有爱、有智慧的下一代。

为人母是女子的第三个社会角色，为人母在履行母亲角色所赋予的义务的同时，也是在履行绵延子嗣、教育子女的孝道教育内容。身为母亲便应该知道母仪之法，所谓男主外、女主内，身为人母要做好分内之事，教育子女使之长大成人，这是为人母者必为之事。男女有别，各有所长，因此教育的目的、要求、内容及方式也大有区别。

《女论语·训男女章》中写道："男入书堂，请延师傅。习学礼仪，吟诗作赋。尊敬师儒，束脩酒脯。女处闺门，少令出户。唤来便来，唤去便去。稍有不从，当加叱怒。朝暮训诲，各勤事务。扫地烧香，纫麻缉苎。若在人前，教他礼数。……男不知书，听其弄齿。斗闹贪杯，讴歌习舞。官府不忧，家乡不顾。女不知礼，强梁言语。不知尊卑，不能针指。辱及尊亲，有沾父母，如此之人，养猪养鼠。"这几句话论述了女不贤、男不知书的严重后果，最终必定成为行尸走肉般的废人；女子如果不知道礼数，说话粗野、强词夺理，不分长幼，不知荣辱，实在是给娘家丢人现眼，不如不养这样的女子。

由此可见，在旧时母仪之道非常重要，不可不明。虽然这些实际操作内容对当代的母亲来说，具有一定的局限性，但是，仍然有很多内容是我们应当借鉴的，最重要的便是为人母者必须要履行教育子女（包括胎教）的义务，以完成对其规定的女子尽孝道的任务，这些都是当时非常重视的孝道教育内容。

孝道文化的传承说起来也十分简单，就是要做好自己的言行榜样给下一代以教育。但事实上很多人都做不到。这是为什么呢？因为很多女性都忽视了生活中的细节。她们有的重视女孝文化，却在传承的过程中忘记了要用科学的方式，只有科学合理的教育方式孩子才乐意接受。其实在生活中只要女性注重自身的言行，然后在关键时刻对孩子加以提示，比如，自己给父母端茶递水，跟他们一起拉家常，陪他们逛街等，作为母亲就要告诉孩子：你看我现在这样对待你们的爷爷奶奶（外公外婆），你们以后也要这样对待我和父亲，对待所有的长辈。在这样的言传身教中，孩子自然会感受到母亲对于一个家庭的付出、对于老人的关爱，必然会受到很强烈的感召，很自然就会萌生尽孝道的思想，对子女的教育也就成功了。反过来，如果一个母亲只知道照顾自己的孩子，对老人不顾，她的孩子就不能体会到父母的孝道，自然体会不到母亲这个作为女孝文化代言人的人格魅力和品质。作为一个母亲，在生活细节中做到孝敬长辈，就能够在潜移默化中教育好自己的子女，这样女孝文化就可以在整个家庭教育中开花结果。

在当代，为人母者重视子女的教育，这种教育要从胎教开始，并持续影响子女的一生。母亲不仅在子女未成年时对其饮食起居照顾得无微不至，还在无形中影响着子女的生活习惯、学习习惯、待人接物的方法与态度，甚至影响着子女世界观、人生观、价值观的建立。子女绝大部分时间是在家庭中度过的，母亲对子女的教育，有着学校教育和社会教育不可替代的作用和优势，如果为人母者能够清楚地意识到这一点，并且在现实生活中大力践行，充分发挥为人母者的教育力量，积极配合学校教育与社会教育，那么就能在一定程度上促进子女的健康成长，甚至能够在此基础上促进子女成人、成才，成为家庭、家族的荣耀，成为对社会有所贡献的人。

现代社会母亲可以有很多途径进行女孝文化教育，只要方法得当就能取得比较好的效果。在现在的家庭中，民主的家庭氛围更加浓厚，作为孩子可以对母亲提出意见和建议。比如，孩子可以向母亲提出他们认为母亲做得不足的地方，借此机会，母亲就可以让孩子提出关于孝道的相关内容。母亲可以问孩子，母亲对孩子的爷爷奶奶或者是外公外婆还需要做哪些事情，哪些地方还需改进等。这样就可以让孩子思考自己的母亲对于女孝文化的践行问题，让他们在思考中对这些问题进行分析，这样的主动参与能让孩子更加乐于接受女孝文化的思想，对于教育下一代就起到了事半功倍的作用。

综上所述，我们可以明确地知道为人母者的孝道教育是很重要的，作为家庭中的重要一员，尤其是作为一个母亲，理解并践行了孝道文化，孩子自然也会传承。"为人母"者，只有真正学习孝道文化，领悟孝道文化，才可以对子女进行孝道文化教育，让其在以后的生活中、工作中守孝持德。

作为母亲，要明白家风家规中最重要的任务，即让孩子知道行孝道的重要性，因为只有子女孝顺、家庭和睦，家风才会正。而这一切，均取决于"为人母"者对子女的孝道教育。

　　古代女子的孝道教育内容中对为人女、为人妻（妇）、为人母的具体要求，仍然有许多合理的内容，值得当代人借鉴，并且还应将这些优良传统继承和发扬下去。古代女子的孝道教育内容中的合理成分有利于促进当代家庭的代际和谐、关系和睦；有利于以家庭养老的方式承担社会责任，在一定程度上减缓由"老龄化"带来的一系列社会危机；同时还有利于子女成长、成人、成才，成为对国家和社会有所贡献的有道德、有孝道的人才。

参考文献

包朗，2016.中国少数民族孝文化研究[M].北京：社会科学文献出版社.

费孝通，2014.中国文化的重建[M].上海：华东师范大学出版社.

黄建华，2017.中国孝文化教育研究[M].北京：九州出版社.

居云飞，2014.兴国之魂：社会主义核心价值观与中华优秀传统文化[M].北京：中国社会科学出版社.

李晶，2009.孝道文化与社会和谐[M].北京：中国社会出版社.

李萍，钟明华，2007.全球化视野中的伦理批判与道德教育的重构[M].北京：人民出版社.

梁盼，2014.中国孝文化丛书：以孝侍亲——孝与古代养老[M].北京：中国国际广播出版社.

司马云杰，2008.中国文化精神的现代使命：关于中国文化根本精神与核心价值观的研究[M].太原：山西教育出版社.

王志民，张仁玺，2005.传统孝文化在当代农村的嬗变[M].济南：山东文艺出版社.

肖波，丁么明，2009.孝坛金言：孝文化与现代文明（上）——中外学者论孝文化与现代文明[M].武汉：湖北人民出版社.

肖波，2012.中国孝文化概论[M].北京：人民出版社.

许刚，2011.中国孝文化十讲[M].江苏：凤凰出版社.

杨志刚，2014.《孝经》与孝文化[M].北京：人民日报出版社.

张岂之，2016.中华优秀传统文化的核心理念[M].南京：江苏人民出版社.